面向能源互联网的电力通信接入技术及其应用

主 编　刘 革　张 颉
副主编　陈少磊　张 泰　徐婧劼

中国水利水电出版社
www.waterpub.com.cn
·北京·

内 容 提 要

本书主要对多种通信接入技术原理和特性进行了详细论述和总结归纳，针对电力业务的场景和需求进行了与接入技术匹配分析，给出了各种接入技术在电力系统中的典型案例，为电力企业进行接入网规划设计、建设运维等方面提供建议。

本书适合为电力通信从业人员在通信网接入建设和运维方面提供参考。

图书在版编目（CIP）数据

面向能源互联网的电力通信接入技术及其应用 / 刘革, 张颉主编. -- 北京：中国水利水电出版社, 2022.1
ISBN 978-7-5226-0708-5

Ⅰ. ①面… Ⅱ. ①刘… ②张… Ⅲ. ①电力通信网－无线接入技术－研究 Ⅳ. ①TM73②TN926

中国版本图书馆CIP数据核字(2022)第084543号

书　　名	**面向能源互联网的电力通信接入技术及其应用** MIANXIANG NENGYUAN HULIANWANG DE DIANLI TONGXIN JIERU JISHU JI QI YINGYONG	
作　　者	主编　刘革　张颉 副主编　陈少磊　张泰　徐婧劼	
出版发行	中国水利水电出版社 （北京市海淀区玉渊潭南路 1 号 D 座　100038） 网址：www. waterpub. com. cn E - mail：sales@mwr. gov. cn 电话：(010) 68545888（营销中心）	
经　　售	北京科水图书销售有限公司 电话：(010) 68545874、63202643 全国各地新华书店和相关出版物销售网点	
排　　版	中国水利水电出版社微机排版中心	
印　　刷	清淞永业（天津）印刷有限公司	
规　　格	184mm×260mm　16 开本　9.75 印张　237 千字	
版　　次	2022 年 1 月第 1 版　2022 年 1 月第 1 次印刷	
定　　价	**78.00 元**	

本 书 编 委 会

主　编　刘　革　张　颉

副主编　陈少磊　张　泰　徐婧劼

参　编　张晓蕾　汪晓帆　王彦沣　王劲草　马　玫

　　　　赵晓坤　孟　宇　张　晶　苏　鹏　谢　欢

　　　　李　兴　张　乐　樊雪婷　李乾坤　彭伟夫

　　　　应卓君　彭义淞　黎　洋　鲁尔洁　郭　琳

　　　　杨　雪　白晖峰

前　言

能源互联网是利用先进的电力电子技术、信息通信技术和智能控制技术，将各种分布式能量采集、存储并将各种类型负载构成的能源节点互联互通起来，从而实现能量和信息的双向流动。

构建能源互联网，"万物互联"是基础，要实现数以亿计的电力终端、系统互联，实现电力系统各环节信息的交互和状态的全面感知，势必要依赖高效、可靠的通信接入和传输技术。经过多年的发展，电力系统已经建立起了以光纤通信为主的骨干传输网，能够满足继电保护、安全控制、调度自动化等电力控制类业务以及企业管理类业务的需求。接入网是电力系统骨干通信网络的延伸，是电力通信网的重要组成部分，随着"双碳"和构建新型电力系统目标的提出，大量的新能源采集控制终端将接入公司网络。同时，推进能源互联网建设和数字化转型过程中，新兴产业（综合能源服务、电动汽车服务、源网荷储协同服务等）的大力发展衍生出大量新业务和终端。随着电力工业物联网的不断发展建设，各级电网数据采集与控制，用户信息交互等数据需求呈现爆发性增长，通信网接入能力受到极大挑战。因此，电网企业势必要建设一张"有线、无线、公网、专网"深度融合的电力通信接入网，来满足各种电力业务的灵活、可靠和快速接入。

通信接入技术众多，按照接入方式可分为有线接入和无线接入。有线接入技术主要包含光纤、工业以太网和 EPON 等方式，无线接入技术主要包括无线公网（4G、5G 等）、卫星通信、无线专网、WAPI、LoRa、ZigBee 等。本书对上述各种主流通信接入技术的原理和特性进行了详细阐述和总结归纳，针对电力业务的场景和需求进行了技术匹配分析，并给出了各种接入技术在电力系统中的典型案例，为电网企业电力终端通信接入网的规划、设计、建设、运维等方面工作提供参考。

本书第 1 章介绍了电力通信网的架构、特点和运营模式，同时分析了电力通信网在电力系统中的作用。第 2 章介绍了能源互联网典型业务，总结归纳了电力业务对应的通信技术指标，为后续章节开展电力接入技术匹配分析提供了基础。第 3、4 章分别从有线通信和无线通信两方面系统描述了电力线载波、EPON、工业以太网、无线公网、卫星通信、无线专网、WAPI、LoRa、ZigBee 等接入技术的系统架构、技术原理、技术特点、技术适配性等内容，并给出各种接入技术在电力系统中的典型应用案例；第 5 章从必要性、原则和内容三个维度对接入网规划建设进行了详细的阐述。第 6 章介绍了电力通信接入网的运维管理，涉及设备巡视、缺陷处置、运行检修、网络优化等方面。

由于作者的知识和写作水平有限，书中如有不准确、不完善之处，敬请广大读者与同行专家批评指正。

作者

目　　录

第1章 概　述

2020 年 9 月 22 日，国家主席习近平在第七十五届联合国大会上宣布，中国力争 2030 年前二氧化碳排放达到峰值，努力争取 2060 年前实现碳中和目标，这对电力系统加快能源转型，实施数字化转型发展提出了新的要求，推动传统电网企业加速向能源互联网企业发展。同年，国家电网有限公司提出了建设"具有中国特色国际领先的能源互联网企业"的企业战略，使得能源互联网的概念再次成为社会关注的热点。

能源是人类经济社会发展的基石，在社会发展的历史长河中，经历了煤炭、石油和天然气等化石能源和风能、水能、太阳能、核能等清洁能源的利用过程。然而，化石能源的消耗给生态环境带来了严重污染，同时也影响人类的健康，并制约了人类经济社会的可持续发展。同时，化石能源作为不可再生能源，也存在资源紧张并日渐枯竭的严重问题。另外，能源的分布不均衡也引发对能源的有效消纳能力不足、对经济发达地区存在能源供应不足的问题。因此大力发展低碳清洁可再生能源成为能源发展的必由之路。

电网企业作为能源供应与消费的中间环节，是国家"碳达峰、碳中和"战略落地的核心节点，国家电网、南方电网正大力推动以特高压电网为骨干网架的坚强智能电网建设，实现更大范围、更高水平的电网互联互通，促进分布式能源的大规模并网与消纳，利用现代信息、通信技术和互联网思维，通过能源流和信息流的深度融合，一方面带动经济社会发展，尤其是西部欠发达地区的发展，另一方面缓解发达地区能源供给消费矛盾，促进国家清洁、低碳能源消纳。

能源互联网借鉴了信息互联网的概念，以电网互联、清洁能源消纳为基本特征，实现清洁可再生能源的按需通信、传输和交换。随着能源互联网的建设发展，海量智能终端设备和广泛分布的可再生清洁能源接入网络，信息通信技术成为能源互联网发展的重要基础，将使得信息的采集、存储、传输和处理发生重要变化。其中，电力通信技术作为电网中设备物联信息传送的关键技术之一，在有线通信接入、无线通信接入等方面必将发挥重要作用。同时，2021 年 5 月 21 日，由国家电网公司有关单位联合业内高校、兄弟单位一同起草的《电力物联网信息通信总体架构》（GB/T 40287—2021）作为一项国家标准正式发布，极大地推动了能源互联网建设中的通信网技术发展。

能源互联网以电力系统控制网络为核心，融合了大量分布式可再生能源，利用信息通信技术、电力电子技术及其他前沿技术实现能量和信息的双向流动，因此对电力通信的接入能力、传输能力都有很高要求。在传统的电网中，用户和电网之间主要是能量流的交换传输，对电力通信网络要求不高。而在能源互联网中，用户与电网、用户与用户之间还存在信息流的交换传输，对电力通信网络要求较高。因此，以 4G/5G、WiFi、ZigBee、Lo-Ra、卫星通信等为代表的无线公网、无线专网通信接入技术支撑电网用户终端、分布式能源的入网，以特高压电网为骨干网架建设的超长距、超大容量光纤通信接入网为大规模清洁能源并网消纳提供了网络互联保障。

电力通信接入网的主要作用是将电力终端设备、电力用户等实体或者业务对象通过光纤通信、无线通信、卫星通信等方式接入到电网企业,实现管理数据和控制指令的信息双向交互。按照接入方式来分,电力终端通信接入网分为有线通信接入网和无线通信接入网。按照电压等级来分,电力终端通信接入网分为 10kV 通信接入网和 0.4kV 通信接入网。

本书首先简要介绍电力通信网的发展历程,在广泛调研分析电网企业传统电力业务的基础上,结合能源互联网建设出现的新兴业务需求,重点介绍了面向能源互联网的电力有线通信接入技术和无线通信接入技术及其典型应用,最后本书介绍电力通信接入网的建设规划和运维。

1.1 电 力 通 信 网

电力通信网是随着电力系统的发展需要而逐步形成与发展起来的专用通信网络,由于电力系统服务于国计民生,事关国家能源安全和人民可靠稳定用电,因此电力通信网是主要服务于电力业务的专网通信系统。传统的电力通信网是主要由覆盖各电压等级的电力设施、各级调度等电网生产运行场所的电力通信设备组成的系统。在能源互联网中,大量分布式清洁能源发电设施、新能源充电桩、微电网能源并网与调度消纳等业务,都需要实施感知和调控。因此,能源互联网中能源生产、传输和消费设备的控制信号与业务数据的传输,需要新型电力通信网进行承载。

电力通信建设围绕电网"发输变配用"的电力输送环节,依托于特高压、超高压等不同电压等级的长距离输电杆塔,形成了以光纤传输为主的长距离骨干光传输网和短距离接入光传输网,以及微波、卫星、电力线载波、无线通信等多种方式并存的通信网络。随着全国各省(自治区、直辖市)电力通信网络的全覆盖,电力通信网络承载和传输了能源互联网中各类电网监视、调度、控制、生产及企业办公、经营、管理等信息与数据,有力保障了分布式可再生清洁能源的调度消纳和并网用户用电负荷的实时监测,确保大电网的安全可靠稳定运行。电力通信网的划分如图 1-1 所示。

1.1.1 电力骨干通信网

按照网络层次架构,电力通信网分为电力骨干通信网(backbone network)和电力终端通信接入网(access network,包括 10kV 通信接入网和 0.4kV 通信接入网)。

电力骨干通信网是随特高压、超高压等高电压等级杆塔架设,以光纤复合架空地线(optical fiber composite overhead ground,OPGW)光缆作为主要物理层介质,采用以同步数字传输体系(synchronous digital hierarchy,SDH)和光传送网(optical transport network,OTN)技术体制为基础,用来连接多个区域或地区的高速通信网络结构。数据传输的速率等级较高,主要用来承载国家电网和南方电网总部、各省电力公司间跨大区电力业务。其中 SDH 传输网主要用于承载能源互联网中电力调度、继电保护及生产实时控制业务,在短距离电力通信网应用较多。

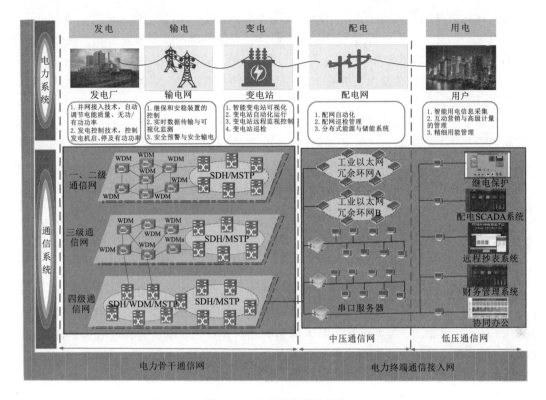

图 1-1 电力通信网的划分

省际骨干通信网是指电网总部（分部）至省电力公司、总部直调发电厂和变电站以及各分部之间、各省电力公司之间的通信系统。省际骨干通信网采用 A、B 双平面网络架构，分别承载生产控制类业务和管理信息类业务。其中，生产控制类业务主要由 A 平面传输网承载，管理信息类业务由 B 平面传输网承载。A 平面通常采用 SDH 技术，核心网组网的数据传输速率等级为 10Gbit/s；B 平面通常采用 OTN 的技术体制，核心网数据传输速率一般为 40Gbit/s。

省级骨干通信网是省（自治区、直辖市）电力公司至所辖地市电力公司、直调发电厂及变电站，以及辖区内各地市公司之间的通信系统。当省内变电站数量大于 500 座时，采用省网 A 平面和 B 平面两种网络架构。当省内变电站数量小于 500 座时，采用省网 B 平面的网络架构。

地市骨干通信网是指地市电力公司至所属县公司、地市及县公司至直调发电厂、35kV 及以上电压等级变电站、供电所（营业厅）等的通信系统。其速率等级以 2.5Gbit/s 和 10Gbit/s 为主。

按照功能分类，电力骨干通信网由传输网、业务网和支撑网组成，承载着电力行业各种业务的传送，以满足电力生产、输送和消费等各个方面的需求。

传输网是指为了实现各类业务信息传送的网络，负责节点连接并提供任意两点之间信息的透明传输，由传输物理介质、传输设备组成，主要包括 SDH 传输网、波分网、OTN 传输网等。

业务网是指向用户提供语音、视频、数据等通信业务的网络，包括调度数据网 1（主要承载调度自动化、故障录波等生产控制类业务、覆盖各级调度机构及备调、各级调度直调厂站的数据网络）、综合数据网 2（主要承载调度管理、办公自动化、企业信息化、电力营销、视频监控等管理信息大区业务、覆盖电网公司各级厂站、各类生产运行场所的数据网络）、电话交换网（包括行政交换网和调度交换网）等。

支撑网是指为了保障传输网、业务网正常运行的支撑系统，负责传递监控信号、增强网络功能、提高服务质量，主要包括同步系统、网管系统、信令系统和通信电源。其中，同步系统为整个电力通信网提供同步时钟，包括频率同步和时间同步；网管系统对传输网及其承载的业务网进行综合监控和管理；信令系统主要是指语音电话交换设备间交换信令的方式及规范。通信电源是指为保障变电站、通信机房或重要通信站点配置的独立通信电源，保障失电情况暂不影响通信网对电网业务的承载。

业务网构建于传输网之上，在支撑网的协助下，可完成对电网企业的各类信息传输与数据处理。其主要包括数据通信网、调度交换网、行政交换网和电视电话会议系统等。

由于传输网提供了基础的底层传输通道，其安全、稳定运行直接影响业务网运行。为了确保传输网的高可靠性，电力传输网一般按照部署建设两套通信网络，其中一套通信网络采用 SDH 技术体制，主要满足电网生产实时控制业务的可靠传送需求，另一套通信网络采用 OTN 技术体制，主要满足电网企业生产 IP 化的数据业务及管理业务大带宽的传送需求。

1.1.2　电力终端通信接入网

电力终端通信接入网通过物联网网关实现了感知控制、服务提供、资源交换和运维管控方面的广域网络连接。其一方面将用户终端连接进电力通信网，对用户的用电负荷等数据进行传输；另一方面将工业物联的电力设备连接进电力通信网，实现对设备运行状态的检测、保护动作信号指令的下发等功能。另外，在能源互联网中，发电从传统的集中式演进为分布式，使得发电系统更靠近用户，就会产生大量双向能源流的交换节点。而新能源具有间歇性、突发性的供电特征，因此必须通过电力通信接入网及时将分布式发用电终端接入电网，从而实现对电量负荷的及时调度和分配，预防新能源发电的波动性对大电网安全可靠稳定运行带来的潜在冲击。

电力终端通信接入网是骨干通信网的延伸与补充，是在"最后一公里"对覆盖"发输变配用"环节相关的所有设备和终端的连接。按照不同的分类方式，可将电力终端通信接入网分为不同的网络类型。

按照网络功能分类，电力通信网主要包括本地网络、接入网络和承载网络。其中本地网络主要实现了感知对象和控制对象的接入，更偏向于电力设备之间的物联组网。接入网络主要指感知和控制对象通过网关与上层网络进行资源交换、运维管控、服务提供等的网络连接。承载网络主要提供了资源交换、运维管控、服务提供等功能应用和服务，包括传输网、业务网、支撑网。

按照电压等级分类，电力通信网可分为随高电压等级线路架设的骨干通信网和随低电压等级架设的终端通信接入网。其中骨干通信网涵盖了 35kV 及以上的电网厂站和各类生产办公场所。终端通信接入网分为 10kV 和 0.4kV 通信接入网两部分。10kV 通信接入网主要承载了配电自动化、继电保护、配电运行监控、电能质量检测、分布式电源监控等业务，同时也作为 0.4kV 通信接入网承载业务并入骨干通信网的上联通道。0.4kV 通信接入网主要承载了用户负荷检测、电量信息采集、设备状态监测和电力需求侧管理等业务。

根据信道方式分类，电力通信接入网采用了光纤、电力载波和微波无线等多种通信技术，可分为有线通信接入和无线通信接入。有线通信接入主要包括光纤通信、电力线载波通信和工业以太网等方式；无线通信主要包括电力无线公网通信、卫星通信、无线专网通信、无线局域网通信、无线个域网通信等方式。

根据通信接入的信道距离又可以将传输信道分为本地信道和远程信道。本地信道主要采用低压电力线载波、串口通信、微功率无线、LoRa、NB-IoT、WiFi、6LoWPAN 和蓝牙等多种方式，多用于本地网络的接入中。远程信道主要采用光纤通信、无线专网和无线公网接入电力通信网。

1.2 电力通信网特点

在能源互联网中，由于发电侧的用户与电网具有了能量和信息双向交互的功能，大量分布式可再生能源接入大电网，需要及时对全网电量负荷进行平衡调度，减小新能源发电的波动性和多能互补对大电网可靠稳定运行的冲击。在输配电方面，由于能源分布不均衡，进行大规模长距离的电量输送时，必须对用电负荷等信息进行实时监测，平衡发电量。在储能方面，新能源发电的波动性，改变了传统电网中发多少电用多少电的现状，大量多余能源必须储存，因此需要采用先进的通信接入技术实现对储能的智能调度，从而将实现最大限度利用清洁能源，实现低成本和零碳排放。大量涉及电力生产、运行和安全、能源消纳和调度控制的信息都需要通过电力通信网进行传输，同时电力系统发生的故障往往需要进行快速处置，减小或避免对大电网安全稳定可靠运行的威胁。因此电力通信网必须稳定、可靠、高效。电力通信网作为一种专用网络，具有以下特点：

(1) 高可靠性：即信息传输必须高度可靠、准确，绝不允许出错。

(2) 实时性：即信息的传输延时必须很小，生产控制类业务要求时延控制在毫秒级，远大于电信网的时延要求。

(3) 连续性：由于电力生产的不间断性，电力系统的许多信息是需要长期占用专门信道，呈现长期连续传送。

(4) 泛在性：在能源互联网中，围绕"发输变配用"环节的各种电力设备及终端都要接入电力通信网，统一调度管理。

1.3 电力通信网运营模式

由于各国的情况不同，电力通信网的建设和运营模式也千差万别，电力通信网的建设运营主要有以下三种模式："电力控股，内外兼营"模式、"专网公化"模式和"专网专用"模式。

（1）"电力控股，内外兼营"模式是指电网企业成立子公司，由子公司独立完成通信网的建设运营，电网企业把自己的通信业务以商业合同的方式交由子公司承担，子公司也向第三方提供商业服务。该方式给予了子公司相当大的自由度，在保证电力专网系统通信的条件下，充分利用了专网的通信资源。

（2）"专网公化"模式是将电力通信业务全部交由公网运营商来承担，电网企业以商业合同方式向电信运营商租赁传输通道。它的优点是建设投资少，最大的缺点是安全性、可靠性低。

（3）"专网专用"模式是从电力系统自身安全性、可靠性出发，由电网企业单独建设运营，自给自足的运作模式。它的优点是安全、可靠性高，可以随时对通信系统进行扩充，对故障处理也非常及时；缺点是投资大、运营成本高。

为了确保电网安全可靠运行，我国采用了"专网专用"的建设运营模式，电力通信网的建设、运营全部由电网公司独立完成，借助电网随电缆敷设的大量光缆资源，组建了全球最大的企业专用的电力通信网。电力通信网作为国家电网专用通信网之一，是电力系统不可缺少的重要组成部分，是能源互联网建设中实现电网调度自动化、电网运营市场化、电网管理信息化和分布式清洁可再生能源监测实时化的基础，也是确保电网安全、稳定、经济运行的重要手段。

第 2 章　能源互联网典型业务的通信接入

　　能源互联网以电力网络为核心，以大量分布式清洁可再生能源的消纳为目的。因此，传统电网典型业务在能源互联网中依然存在，同时也出现了大量分布式清洁可再生能源接入电力通信网的业务，实现了对发电电量和用电负荷的实时监测的需求。各种电力设备、用电终端、传感采集器等都需要接入电力通信网，满足了数据的实时交互，实现了能源流和信息流的双向流动。

　　电网企业作为能源领域的重特大生产企业，电力通信网中承载了大量的生产控制类业务和管理信息类业务。按照国家相关法律法规要求，电网企业通信网络承载的业务系统原则上划分为生产控制大区与管理信息大区，且生产控制大区与管理信息大区进行物理隔离。生产控制大区可进一步划分为控制区（安全Ⅰ区）和非控制区（安全Ⅱ区），管理信息大区可进一步分为安全Ⅲ区和安全Ⅳ区。电力业务在电网中的流动，主要包括"发输变配用"五个环节。随着能源互联网的深入建设，传统电网业务和新型业务场景都对先进、可靠和高效的电力通信接入技术有较高的要求。

　　本章将基于能源互联网的电力网络，围绕"发输变配用"的环节，对各环节中典型能源互联网业务对电力通信网的接入需求进行介绍。在发电环节，主要包括分布式能源及储能、水调自动化业务两个典型应用场景；在输电环节，包括输电线路在线监测和视频监控、隧道管廊状态监测、输电线路无人机巡检等场景；在变电环节，主要包括变电站/换流站综合监测、变电站机器人巡检等场景；在配电环节，主要包括配电自动化、智能配电房、精准负荷控制等应用场景；在用电环节，主要包括用电信息采集、电动汽车充电桩（站）、智能家居等场景；在综合服务方面，主要包括综合能源服务、应急通信、移动作业终端等应用场景。本章将对电力终端通信接入网承载的部分典型业务进行重点介绍。

2.1　发电环节典型业务

2.1.1　分布式电源及储能

　　分布式电源是指在用户所在场地或其附近建设安装的，运行方式以用户端自发自用为主，多余电量上网以在配电网系统平衡调节为特征的发电设施或有电力输出的能量综合梯级利用多联供设施。

　　储能设备通过电化学电池或电磁能量存储介质进行可循环电能存储、转换及释放，包括但不限于电池储能、超导储能、超级电容储能、高能密度电容器储能等形式和设备。

　　分布式电源及储能监控系统具备数据采集和处理、有功功率调节、电压无功功率控制、孤岛检测、调度与协调控制及与相关业务系统互联等功能。分布式电源及储能控制可以有效平抑功率波动，提高分布式电源及储能系统并网接入能力，快速提供电能供应。分布式电源及储能业务框架如图 2-1 所示。

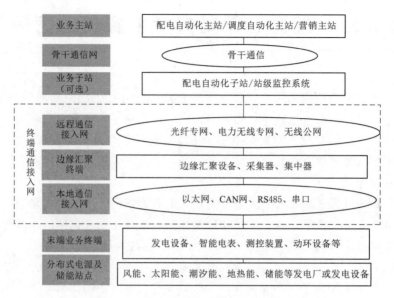

图 2-1　分布式电源及储能业务架构图

分布式电源业务主要包括测控、电能质量采集、关口计量信息等。其中，分布式电源监控终端实现了分布式电源数据采集、保护、控制、本地孤岛检测、通信等功能，业务包括并网点开关状态、并网点电压和电流、分布式电源输送有功/无功功率、发电量等，以及远方控制解/并列、启停等；关口计量信息由采集终端完成数据采集并直接与用电信息采集系统进行数据交互。

储能系统监控终端具备协调控制、运行信息采集、事件记录、对时、远程维护和自诊断、数据存储、通信等功能，实现了对储能电池电压、电流、温度、状态量，变流器输入输出电压、电流、输入输出功率、电量、电能质量，储能设备中热、气、烟、火等信息的采集和计算，并传送至储能设备就地监控主机或站级监控系统，再通过电力数据通信网络将数据上传至区域主监控或调度系统。

微电网是分布式电源及储能最主要的应用领域，通常由能源流和信息流相互融合而成，由分布式能源、储能装置、电能变换装置、保护装置和微电网能源管理系统组成。相对于大电网，微电网表现为单一的受控单元，一方面保证了用户电能的质量和供电安全，同时也是智能电网及能源互联网的重要组成部分。

分布式电源与储能系统同大电网相连，互为备用，呈现出了碎片化分布和海量随机接入的特点。因此必须采用多种通信接入方式，方能将分布式电源与储能系统连接进电力通信专网，实现对分布式电源与储能系统的数据采集和监控，满足电网企业对分布式能源的在线、实时调控要求。

2.1.2　水调自动化系统

我国水能资源丰富，自西向东高低落差大、流量大，尤其是四川、云南以及西藏西南地区，水资源蕴藏量巨大，承担了国家"西电东送"的重要任务。水调自动化系统主要负责水电厂站的水资源监测、分析与预测、清洁能源运行与消纳管理、清洁能源调度管理等工作。

水电自动化系统的通信系统主要传输水情自动监测预报数据、调度电话、视频会议、继电保护、防汛指挥、航运、应急通信等信息。一方面，与电力调度机构之间的通信主要采用电力专用光缆或电力线载波，将水电厂内的设备发电信息、用电负荷信息、调度指令等数据及时传输至上级调度机构，并对厂站内的来水、来风、日照信息进行监测；另一方面，水电厂站还需要同当地水利部门、防汛部门等进行通信，这部分通信主要采用运营商的公共通信网络。

2.2 输电环节典型业务

2.2.1 输电线路在线监测

输电线路在线监测技术是指直接安装在线路设备上可实时记录表征设备运行状态特征量的测量系统及技术，主要部署可视化摄像头和各类传感器等，对输电线路所处现场环境、气象以及线路温度等信息进行实时监测，并将各类采集信息数据传输至输电线路在线监测平台进行分析，以实现对输电线路运行状态的实时感知、分析诊断、趋势预测和风险预警，提升电网企业输电线路状态运行检修管理水平。输电线路在线监测装置分为末端业务终端（又称为传感器）和边缘汇聚终端（即输电线路状态监测代理，简称 CMA），输电线路在线监测装置（包括图像视频、导线舞动、导线覆冰等在线监测装置）通过本地通信接入网将监测数据汇集到 CMA，CMA 通过无线中继网将数据传输至远程通信回传网覆盖的区域，再将数据回传至输电线路在线监测平台。

输电线路在线监测涉及图像、视频等数据，具有传输数据量大、实时性高的特点。输电线路在线监测业务对通信网络的主要通信指标要求如下：

数据带宽：单路视频监控传输数据量约为 512kbit/s 至 4Mbit/s，静态图像传输量约为 256kbit/s，一般监测传感器的业务数据量约为 20kbit/s。

传输时延：采集类业务端到端时延要求为秒级，对通道时延要求应小于 6s；视频类业务端到端传输时延应小于 100ms，通信传输时延应小于 300ms。

由于输电线路的架设往往会避开人口密集区域，因此在线路沿线的大部分地区，电信运营商无线公网信号覆盖强度较差甚至无信号覆盖。因此输电线路在线监测信号如何回传至监测平台成为需要解决的关键问题。其中信号回传网络主要由本地通信接入网、边缘汇聚终端、无线中继网、远程通信回传网四个部分组成。输电线路在线监测业务架构示意图如图 2-2 所示。

本地通信接入网指在线监测装置与 CMA 之间的通信接入网络，通信方式主要包括短距离无线、低功耗长距离无线、近场通信、本地以太网、串行通信等。

CMA 具有微功率无线、WiFi、RS485、RJ48 等接口，用以实现本地监测数据的汇聚。

无线中继网可由无线分布式系统（Wireless Distribution System，WDS）、Mesh 自组网、PTMP（点对多点）等一种或多种无线组网方式构成。

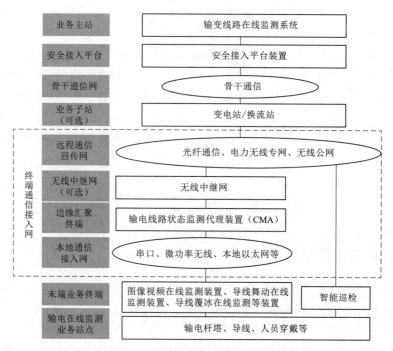

图 2-2 输电线路在线监测业务架构图

远程通信回传网主要包含光纤专网、运营商 APN 专网、卫星通信网。其中光纤专网指通过变电站直接接入或输电线路随线光缆开断点接入的光纤网络。

2.2.2 电缆隧道环境监测

电缆隧道环境监测系统主要包括了电缆本体监测、通道环境监测、通道出入管控等 10 余种场景的监控。接入的终端主要包括测温光纤、接地电流采集器、测温线芯、监控摄像头以及气体、水位、水泵传感器、应急通信装置、井盖门禁控制器等。

电缆隧道环境监测主要是采集电缆隧道内环境温度、有害气体、水位、图像视频、火灾报警、门禁、入侵检测等信息并上行到汇聚节点，各类感知数据进行汇集后上送边缘物联代理进行边缘计算，由边缘物联代理与物联管理平台进行数据交互，再通过电网企业内部的网络上传至电缆辅助监控系统，业务架构图如图 2-3 所示。

电缆隧道环境监测设备通过短距离无线、本地以太网、串口等与监测后台通信，监测后台通过光纤、无线公网、以太网与电缆在线监测主站系统通信，相关指标要求见表 2-1。

电缆隧道环境监测的组网方式有无线组网和有线组网两种模式。当电缆或隧道有一侧直接进入变电站的，优先采用有线组网模式，当电缆或隧道两端都为架空线路时，由于电缆无法直接进入变电站，主要采用无线组网模式。另外，当隧道内部署了多类型传感器，一般可采用先有线组网，后通过无线传输方式至远方主站。

（1）有线组网原则：利用隧道内的光纤环网，接入变电站物联专网交换机，接入边缘物联代理（前置服务器），通过安全接入平台接入信息内网的电缆辅助监测系统。

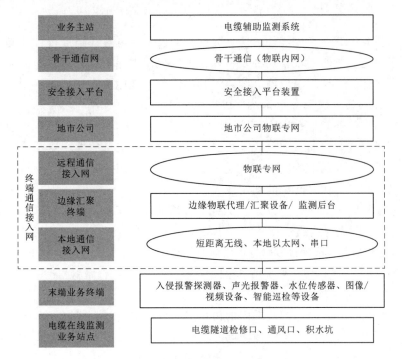

图2-3 电缆隧道环境监测业务架构图

表2-1 电缆隧道环境监测通信指标要求汇总表

通信方式	采集终端上传到主站要求时间/s	遥控执行命令发出到收到遥信变位返回要求时间/s
光纤通信	<3	<3
无线通信	<10	<3

有线数据流：监控设备→接入交换机→电力光纤→变电站物联专网交换机→变电站边缘物联代理→物联专网→电网企业信息安全接入平台→物联管理平台（MQTT协议）→电缆辅助监测系统（MQTT协议）。

（2）无线组网原则：现场监测装置将各类传感器采集、处理后的监测数据（MQTT协议）通过RS232、RS485等有线方式或LoRa\Mesh\ZigBee等无线方式上传至隧道口的无线公网通信模块，通过运营商APN专用通道接入电网企业安全接入平台和物联管理平台，转发至电缆辅助监测系统。

无线数据流：传感器→采集器（安装物联网卡）→APN通道（运营商网络）→电网企业信息安全接入平台→物联网管理平台（MQTT协议）→电缆辅助监测系统。

2.2.3 无人机输电线路应用

无人机巡线技术的引入可以极大提高架空输电线路巡视效率，直观、准确地反映了线路运行情况，极大减轻运行人员的劳动强度。无人机作业以进行线路日常巡视和恶劣天气特巡，协助运维人员治理设备本体及通道环境为基础，开展包括查找故障点、协助解决防外破、防山火等难题的一系列日常工作。

1. 无人机日常巡视

无人机巡视时搭载有集成红外、可见光的检测设备，可对线路进行红外测温和可见光检查。目前运用无人机开展日常巡视及特殊巡视的工作内容主要有对输电线路导地线、上部塔材、金具、绝缘子、附属设施、线路走廊等进行常规性检查。

2. 协助运维人员治理设备本体及通道环境缺陷

通道巡视是对线路通道、周边环境、沿线交跨、施工作业等进行检查。通道巡视可使用可见光视频捕获或影像捕获的方式采集走廊环境的地理信息数据。对于离散型分布的通道隐患，可采用分布式的多旋翼无人机巡视作业。对于集中性、连续性分布的通道隐患，可采用飞行速度高、作业时间长的固定翼无人机巡视作业。

采用多选翼无人机巡视时，无人机与线路、杆塔的最小安全距离应大于 2m。采用固定翼无人机巡视时，无人机与线路、杆塔的最小安全距离应不小于 100m，离塔顶高度不得超过 300m。为提高工作效率，应保证线路杆塔坐标的准确性。如需生产线路走廊正射影像或快拼影像，对于影像纹理较差的区域，可采用单相机沿线往返飞行或组合倾斜相机单向飞行的方式。

3. 协助运维人员树障巡视

树障隐患是指由于线路保护范围内的树木造成危及架空电力线路安全运行的情况，统称为树障隐患。树障事故指的是因树障问题造成的线路二级以上的电力事故事件。利用无人机获取可见光影像进行树障测量是近几年新兴的技术。相比传统的树障测量方法，无人机可见光树障测量具有灵活、简单、可视性强等特点。随着激光雷达技术的发展，无人机已经可以搭载轻小型化的激光雷达设备进行树障巡视，虽然无人机激光雷达在测量精度上有优势，但其成本昂贵、操作复杂，需要专业团队才能完成。相比来说，无人机可见光树障巡视更加简单便携，安全可靠，在树障防控量测方面具有巨大优势。

常规的树木净空测量大多采用经纬仪、激光测距仪或停电检修走线用测绳测量等方法，受到树木遮挡视线、停电周期长等原因的限制，运维单位人员无法及时准确掌握净空数据。将多旋翼无人机应用于树木净空测量，将会大大减少工作人员的劳动强度。

4. 协助抗冰、防外破、防山火等应急响应

输电线路保护区附近有很多新修道路和新修建筑等情况，无人机参与取景构图可以看到整个场地的全景。尤其是公路修建时，它们可以被无人机迅速查看整体的走向，并预判是否跨越输电线路并提前采取预防措施。在山火易发时期，人们很快就发现山区火灾的险情，对预防山火极为重要。

固定翼无人机具有航速高、覆盖范围大、续航时间长等特点，适合应用于灾后线路走廊的大范围普查。通过利用固定翼无人机进行灾后勘查，可在短时间内整体掌握线路的整体损失情况，为应急决策提供初步依据。利用固定翼无人机进行灾后电力杆塔灾情普查时，第一时间获得线路走廊真实影像，线路走廊情况可通过视频实时传输，机载相机也可拍摄清晰度较高的杆塔照片，无人机降落后进行读取。固定翼进行灾后勘查具有科学性与可行性。

5. 三跨隐患排查

根据要求架空输电线路跨越铁路、高速公路、重要通道线路时，跨越区段需满足独立耐张段、双串绝缘子、导地线无接头、耐张塔压接管压接质量合格等要求。而耐张压接质量检查需线路停电，人工登塔，逐一检查。这需要大量的时间、人力和物力。为提高效

率，可结合无人机检测工作，充分发挥无人机的可操作性和灵活性，减少人工登高作业。利用无人机拍摄功能拍摄耐张塔压接处，每个压接管取一张照片与合格压接管照片进行比对，以快速确定压力管质量是否合格。

6. 无人机的异物清除应用

由于输电线路分布广泛，环境条件恶劣，输电线路上经常会出现外来导体（如塑料薄膜、建筑围栏、警示牌、气球、风筝、广告条、钓鱼线等），危及输电线路的正常运行。传统的异物去除方法存在清洗时间长，操作复杂，风险大的缺点，难以快速、高效、安全地清除异物。采用多旋翼无人机搭载喷火装置来消除异物可以明显提高工作效率。无人机配备有去除异物的装置，图像传输数据用于精确控制无人机附近传输线上的异物，可燃气体（丁烷）的排放由遥控器控制，同时点燃电火花点燃可燃气体。火焰燃烧并附着异物以达到异物去除的效果。

近年来，随着激光技术的迅速发展，使用光纤激光器和 CO_2 激光器的地面激光发射装置也开始应用于去除异物。通过选择合理的功率范围和合适的安装地点，大多数时候可以在拆除异物的同时又不损坏电线。

7. 输电线路激光雷达通道扫描应用

激光雷达电力线路通道扫描是指将激光雷达系统搭载在不同飞行平台（直升机、无人氦气飞艇、小型旋翼无人机等）上，沿线路中心线获取线路通道地形地貌的三维激光点云，通过数据处理获取线路点云、植被点云、建筑物点云、地面点云等分类点云等多种数据，通过软件自动获取线路净空范围内的植被、建筑物等障碍物的位置、高度、面积等信息，可实现线路走廊的真实三维可视化、线路与各种地物空间距离的精确量测、杆塔倾斜探测及线路设备缺陷识别等线路巡检，并以影像、列表等多种形式显示线路巡检结果，实现多角度多形式全方位查看线路巡检异常。

无人机输电业务回传架构图如图 2-4 所示。

图 2-4　无人机输电业务回传架构图

13

2.3　变电环节典型业务

2.3.1　变电站/换流站综合监测

变电站/换流站综合监测充分利用各种先进采集终端,将站内设备设施的状况进行汇集和管理、分析与决策,实现了变电站/换流站主辅设备全面监控、智能巡检、智能管控、设备缺陷主动预警、设备故障智能决策等功能,提升了对变电站/换流站运行状态的感知水平,提高了运行维护效率,保障变电站/换流站的电网设备安全和人身安全。变电站/换流站综合监测业务架构图如图 2-5 所示。

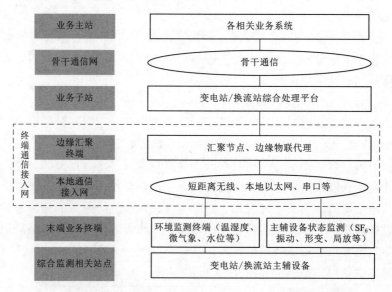

图 2-5　变电站/换流站综合监测业务架构图

变电站综合监测终端主要包括主设备状态感知终端、运行环境状态感知终端、辅助设备终端等。其中主设备状态感知终端主要包括油中溶解气体在线监测、局放在线监测、铁芯接地电流在线监测、套管介损在线监测技术、SF_6 湿度在线监测、避雷器泄漏电流在线监测、少油设备在线监测等,主要实现对变电站主设备各个维度数据的感知,提升变电状态感知能力。运行环境状态感知终端主要包括变电站/换流站的微气象、烟雾、温湿度、电缆沟水位、SF_6 气体等传感器数据,实现对变电站运行环境状态的全面、实时感知,并对变电站/换流站的安全运行风险进行预警。由于变电站/换流站一般都部署有电力光纤和电网企业的电力通信网,因此不需要单独建设通信网,在建设变电站/换流站综合监测时主要考虑的是本地通信,即变电站/换流站的本地通信,通信方式主要有多模光纤、局域网、以太网、WiFi、现场总线、RS485 等。具体选择哪种通信方式,主要根据终端对安全性、通信实时性方面的要求,一般来说,对于实时性要求极高的主设备状态感知终端、运行环境状态感知终端等主要采用本地光纤通信方式,对于实时性要求不高、具有移动性的巡检机器人采用 WiFi、微功率无线等通信方式。

2.3.2 变电站机器人巡检

机器人巡检业务指通过机器人上搭载的可见光、红外和局放综合检测设备,对设备进行观测,实现对设备缺陷的智能诊断和综合管理,自动生成线路及设备健康状态检测报告,并将检测数据和诊断结果自动上传至 PMS 系统,为配电网状态管控提供了基础数据。通过智能巡检技术,代替运维人员进行日常巡视和缺陷录入,为电网状态管控提供基础数据。

机器人巡检应用于变电站、电缆隧道等场景,220kV 及以上电压等级的变电站应单站配置独立的机器人,间隔数大于 10 个的 110kV AIS 变电站也可以考虑配置单独的机器人,室内设备及机器人巡检盲区通过高清视频进行补充。

机器人巡检的数据类型主要是图像、设备诊断信息等数据,要求电力通信传输速率大于 2Mbit/s,设备诊断数据端到端传输时延小于 20ms,采集图像端到端通信传输时延小于 300ms。机器人检数据通过无线专网等方式上传至监控后台,变电站机器人巡检业务架构图如图 2-6 所示。

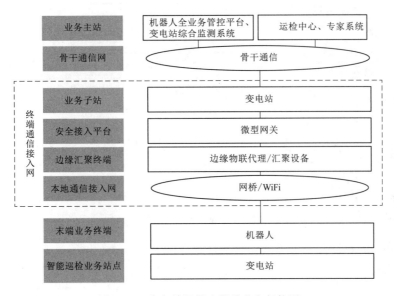

图 2-6 变电站机器人巡检业务架构图

2.3.3 变电站高清视频监控系统

变电站高清视频监控系统系统由主站平台和站端系统两部分组成,接入由高清视频摄像机采集的可见光照片、红外热成像摄像机采集的红外图谱、拾音器采集的音频等各类巡检数据。本系统融合图像分析、深度学习、数据挖掘等技术,实现倒闸操作、设备巡视、应急故障确认、远方倒闸辅助操作、故障信号辅助判定、生产环境安全监控、作业人员安全监督、辅助系统运行检修等智能应用,全面提升变电站的运维管理手段、设备操作水平、作业安全管控质量,节省人力成本。

主站平台采用分层、分域、分级、分权的分布式架构。由县级主站系统、地市级主站系统及省级主站系统三级平台组成,并具有可扩展性。地级(县级)主站系统主要负责对所辖区域内的站端系统进行实时集中管理和监控，省级平台通过下级平台对站端系统进行管理和监控。

站端系统由站端智能辅助平台、视频处理单元、布置在监控现场的摄像机及与之配套的相关设备（如镜头、支架、云台、解码驱动器、防护罩等）、红外热成像摄像头、音频采集装置等组成。

本套系统主要用于开展户内外设备的在线智能巡检。220kV 及以上电压等级的变电站应采用高清视频＋机器人联合巡检模式，其余电压等级采用高清视频巡检模式。枢纽变电站、长期重载变电站、为重要用户供电变电站可在主设备区域设置适量高清红外测温摄像机，变电站高清视频监控系统业务架构如图 2-7 所示。

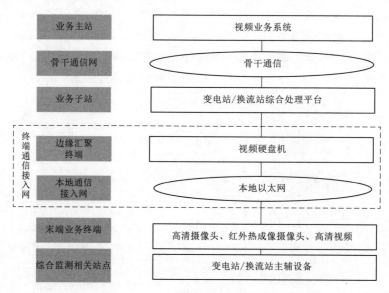

图 2-7　变电站高清视频监控系统业务架构图

本系统接入的数据要求为可见光照片格式应为 jpg 格式，分辨率不低于 1920×1080；红外图片格式应为 jpg 格式，分辨率不低于 320×240；红外图谱格式应为 fir 格式，分辨率不低于 320×240，宜采用 640×480 以上；音频文件的格式应为 wav，编码格式符合 G.711a 标准；视频文件的格式应为 mp4，编码格式符合 H.264 或 H.265 标准。

目前变电站高清视频监控系统传输链路为综合数据网，各供电公司的主干网链路均为千兆网络，按照每路视频上行带宽为 4M 计算，可满足 250 路（1000M/4M）摄像头并发上墙或 250 路（1000M/4M）实况监控、实时存储、点播的需求。如果超过 250 路视频的需求，建议把主干网链路升级到万兆网络。

2.4　配电环节典型业务

2.4.1　配电自动化

配电自动化终端当前主要传输"三遥"业务，包括终端上传主站（上行方向）的遥测、遥信等信息采集类业务以及主站下发终端（下行方向）的常规总召、线路故障定位（定线、定段）隔离、恢复时的遥控命令。

配电自动化终端设备主要包括FTU（馈线终端）、DTU（站所终端）、TTU（配变终端）、ITTU（智能配变终端）、故障指示器等。

FTU：馈线终端，安装在配电网架空线路杆塔等处的配电终端，按照功能分为"三遥"终端和"二遥"终端，其中"二遥"终端又可分为基本型终端、标准型终端和动作型终端。

DTU：配电自动化站所终端，安装在配电网开关站、配电室、环网单元、箱式变电站、电缆分支箱等处的配电终端，依照功能分为"三遥"终端和"二遥"终端，其中"二遥"终端又可分为标准型终端和动作型终端。

TTU：安装在配电变压器低压出线处，用于监测配变各种运行参数的配电终端。IT-TU（智能配变终端）在TTU的基础上，采集监测配变各种运行状态参数，完成台区多种业务场景控制管理并与配电自动化主站进行智能信息交互。

故障指示器：安装于电力架空线路上，用于检测线路的接地、短路故障，通过翻牌、闪光指示线路故障，并具备信号回传功能。

配电自动化终端目前主要采用光纤专网与配电自动化主站通信，部分省市采用无线专网与光纤专网结合的方式与配电自动化主站通信，其中不带控制功能的FTU（二遥）、DTU（二遥）、TTU（ITTU）、故障指示器等采集终端也采用无线公网的方式进行通信。

配电自动化终端上行数据为主要为遥信、遥测数据，由配电自动化数据上送至配电自动化主站；配电自动化终端下行数据为遥控、对时数据，由配电自动化主站下发至配电自动化终端。配电终端、子站与配电主站之间的通信规约应采用符合《配电自动化系统应用DL/T 634.5104—2009实施细则（试行）》通信规约。

当采用光纤通信方式进行上传数据时，配电自动化终端数据通过有线传输，在变电站汇聚，再由变电站骨干通信传输网上传至地市配电自动化系统主站；当采用无线通信方式时，数据直接在地市公司汇聚，再传输至配电自动化系统主站。

根据国家电网公司《配电自动化建设与改造标准化设计技术规定》（Q/GDW 625—2011），并考虑遥信、遥测、遥控、电度量，以及未来设备状态与环境监测需求，DTU/FTU/TTU/故障指示器终端预计带宽0.3～1Mbit/s。

当采用运营商5G通信进行数据传输时，通过5G切片技术接入电力通信网，实现差动保护装置的分布式部署。此时网络需求带宽大于2Mbit/s，传输时延小于15ms，可靠性要求达到99.999%。

2.4.2 配电在线监测

配网设备一旦发生故障，造成的经济损失往往比较大。在使用在线监测技术和监测设备的全过程中，一旦发生故障，设备故障之前的运行数据能够为技术人员提供故障分析与故障排查的基础数据和分析依据，大大降低设备维修时间，配网在线监测业务架构图如图2-8所示。

目前配电侧主要应用了配电设备温度监测、配电故障选线和配电设备局部放电监测等在线监测技术，来提升配电网运行质量。

其中配电设备温度是反映配电设备电气性能、负荷状况的一个重要特征量，在配电设备温度监测中主要是应用红外测温、光纤测温、有源无线测温（电池）、有源无线测温（感应取电）、无源无线测温（SAW）等技术针对开关柜、电缆和配电变压器等重要设备进行监测，防止因温度过高引发的故障。

在我国，配电网中性点要采取非有效接地方式，一旦出现接地故障，故障准确定位存在一定的困难，不仅延长了故障处理时间，也增加了运维人员的工作负担。配网在线监测装置巧妙地利用了一种新的信息采集方法——暂态录波，基于暂态录波信息对配电线路健康状态加以研判，为配电线路主动运维提供新的技术手段，也为配电网进一步提高供电水平、提升用户服务能力提供技术支撑。

局部放电是电气设备绝缘结构中局部区域内的放电现象，这种放电只是在绝缘局部范围内被击穿，而导体间绝缘并未发生贯穿性击穿。但如果局部放电长期存在，则在一定条件下将会造成设备电气绝缘强度的破坏。目前主要的配电设备局部放电监测技术有配电电缆局部放电在线监测和配电电缆局部放电离线检测两类。配电电缆局部放电在线监测技术主要包括超声波检测法、脉冲电流法和超高频检测法。配电电缆局部放电离线检测主要有工频电压法、超低频检测法、振荡波检测法。

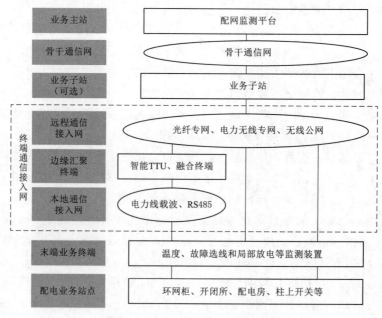

图 2-8　配网在线监测业务架构图

2.4.3　精准负荷控制

精准负荷控制业务改变传统稳控装置以 110kV 线路为对象集中负荷控制方式，以 35kV/10kV 生产企业为最小节点，以企业内部短时间可中断的 380V 负荷分支回路为具体控制对象，在电网故障紧急情况下既实现快速的批量负荷控制，确保大电网的稳定，同时又实现了负荷的精准、友好控制，将电力用户的损失降至最小。精准负荷控制业务架构图如图 2-9 所示。

根据不同控制要求，分为实现快速负荷控制的毫秒级控制和更加友好可互动的秒级及分钟级控制。毫秒级控制针对频率紧急控制要求，第一时限快速切除部分可中断负荷；秒

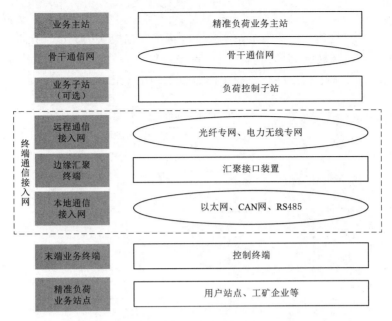

图 2-9　精准负荷控制业务架构图

级及分钟级控制第二时限切除部分可中断负荷，实现发用电平衡。

2.4.4　智能配电房

当前，配电房具有内大量配电柜等设备，其各路开关的运行信息多采用模拟指针式，运行状态及各开关闭合状态仍需人工勘察巡检，手抄记录。同时大量的配电房仍缺乏视频安防及环境监控。

在配电房内配备智能的视频监视系统，部署可灵活移动的视频综合监视装备，利用有线和无线接入方式实现对配电柜、开关柜等设备进行视频、图像回传，云端同步。采用先进的 AI 技术，对配电柜、开关柜的图片、视频进行识别，提取其运行状态数据、开关资源状态等信息，从而避免了人工巡检的烦琐工作。在满足智能巡检的基础上，该系统还可完成机房整体视频监视，温湿度环境等传感器的综合监控功能，实现智能配电房的功能。

以采用 5G 无线接入方式为例，利用 5G 网络从主变高压侧直采电流、电压信号，跟踪监测用电负荷大小，当负荷超过所设定负荷定值时，通过 5G 网络实时下发控制指令，优先切除可中断的非重要负荷（如非生产性的空调负荷等），实现精准负控，保障了电网稳定，降低了社会影响。

2.5　用电环节典型业务

2.5.1　电动汽车充电桩（站）

电动汽车充换电可为电动汽车动力提供充电、换电服务，相关设施一般包括各种集中充电站、换电站、充电桩等。

集中充电站含多个充电桩以及站内视频监控，集中为电动汽车提供交流/直流电源，实现了电动汽车整车快速充电；换电站主要完成标准电池模块的充电、换电、维护，并协助整个电动汽车电池周转网络的运行；充电桩采用传导方式，为电动汽车提供交流/直流充电电源。电动汽车充电站（桩）业务架构如图 2-10 所示。

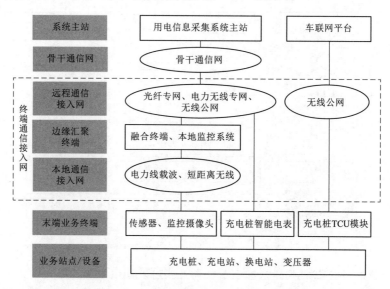

图 2-10　电动汽车充电站（桩）业务架构图

电动汽车充换电服务网络主要包括终端层、网络通信层和主站层。其中，终端层由集中充电站、换电站、充电桩等组成。

充电桩主要部署在园区、小区、商区等人员密集地区的停车场站及路侧停车位，除了充电机及充电相关设施外，还包括单项远程费控智能电表（以下简称电能表）、计费控制单元（tariff and control unit，TCU）等设备。电能表用于对设备和电动汽车/电池之间的充电电能进行计量，与用电信息采集系统主站实现数据交互；计费控制单元实现认证、结算、人机交互等充电业务的相关功能，包括认证结算、读卡器操作、安全认证和数据加解密、充电控制、显示、通信、存储、远程升级、RTC 时钟和校时、掉电检测、定位、语音等，与车联网平台（国网电动汽车服务公司主站）实现数据交互。

集中充电站、换电站主要部署在公共服务设施周边、重要交通枢纽、交通干道、高速公路服务区等，除了充电桩的电能表和 TCU 外，场站内还安装有在充换电站和电网之间的计量电能表、视频监控设备、环境监测设备等。

充电站/桩电能表和 TCU 通过远程通信网络直接与用电信息采集主站和车联网平台通信，主要通过无线公网将数据信息上传至相应主站。集中充电站、换电站配套建设有随电源引入同步敷设的光缆，与营销主站、车联网平台通信。视频监控设备、环境监测设备等主要通过以太网等方式接入本地监控系统。

2.5.2　智能家居

智能家居业务是指在用户家庭部署智能交互终端、智能插座、智能家电等设备，实现对家用电器用电信息的自动采集、发布、分析，开展烟雾探测、燃气泄漏探测、家庭安防、紧急求助、三表抄收等增值业务；通过智能交互终端与小区低压电力通信网互联，利用95598互动网站和智能家居服务平台，实现智能家居远程控制与管理，智能家居系统结构示意图如图2-11所示。

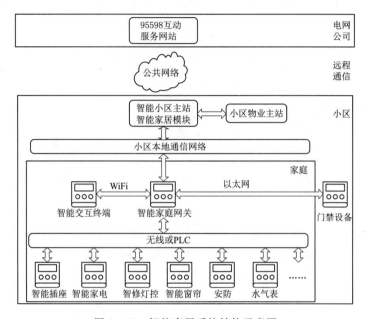

图2-11 智能家居系统结构示意图

智能小区主站（含智能家居模块）控制操作命令响应时间（控制命令下达至终端响应的时间）不大于5s，控制正确率不小于99.99%。

智能家居业务可用于传输家电、语音、家庭安防等信息，传输速率为1～4Mbit/s，传输时延为百毫秒级。

2.5.3 用电信息采集

用电信息采集通过对用户用电信息进行采集和控制管理，实现能源信息统计分析，为智能用电提供了数据支撑。用电信息采集业务架构图如图2-12所示。

智能计量终端主要包括智能电表、"多表合一"采集装置、集中器、新一代模组化终端等，主要安装于用户电表箱、楼内低压竖井间、新型用能场站等场所。

智能电表采用实时、准确的双向互动智能计量技术和计算技术，通过对用电数据的分析，实现了停电自动报告、家庭能源管理、运维抢修、用户用电行为引导等应用。此外，通过接受营销主站的控制命令，也可对用户侧智能网荷互动终端进行控制和调节。

"多表合一"采集装置实现了对电、水、气、热能源计量一体化采集与传输，支撑了能源计量数据集中管理和综合分析。

集中器具备定时读取电表数据、系统命令传送、数据通信、网络管理、事件记录、数据横向传输等功能，可将采集的电能表数据发送至主站系统。

新一代模组化终端作为泛在电力物联网营销"云—管—端"体系架构中台区智能管理

21

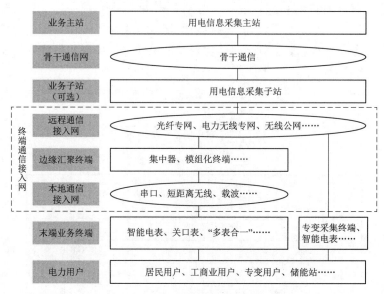

图2-12　用电信息采集业务架构图

单元，实现了台区负荷数据收集和台区内客户侧设备的智能控制，实现电动汽车、储能、分布式电源、微电网、蓄热电采暖等新型用能设备的即插即用、数据感知、采集和控制，与客户互动保障了用户体验。

　　智能计量主要采用电力线载波、短距离无线、串口等本地通信技术，将智能电表、"多表合一"采集终端的信息汇聚至集中器或新一代模组化终端，再通过无线专网、无线公网等远程通信方式送至用电信息采集系统主站。智能电表、"多表合一"采集终端也可采用无线专网、无线公网等方式直接接入系统。

　　用电信息采集业务主站采集数据分为定时自动采集、随机召测和主动上报三种方式。目前主要采用定时自动采集方式，主站每15min采集1次数据，并针对采集失败数据进行多轮补采以提高采集成功率。该业务通信时延小于5s，传输速率为1～10kbit/s，可靠性不小于99.99%。

2.6　综合服务典型业务

2.6.1　综合能源服务

　　综合能源服务是一种新型的为满足终端客户多元化能源生产与消费的能源服务方式，涵盖能源规划设计、工程投资建设、多能源运营服务以及投融资服务等方面。综合能源服务通过采集用户电气、热工等能耗数据及温度、湿度、PM2.5、照度等环境数据，对电力、燃气、蒸汽、水等能源介质进行综合监测，将数据上传至综合能源服务云平台，实现了用能行为监控与分析、多元化用能定制服务、低压台区运行状态监测与评估预警、电能质量管理、线损计算等业务应用。综合能源服务业务架构图如图2-13所示。

　　综合能源服务主要针对的客户对象为公共建筑、工业企业和园区，其提供了集水电气

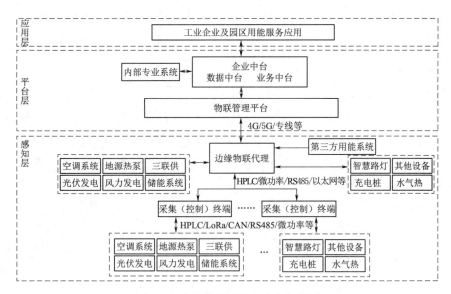

图 2-13 综合能源服务业务架构图

热（冷）等多种能源的综合能源服务。通过在建筑场所部署智能电表、水/气/汽能量仪表、设备及阀门状态仪表、控制保护装置等各类综合能源服务终端，实现了冷、热、电等采集、计量、感知全覆盖。

各类综合能源服务终端部署在建筑物、园区等场所的各类设备上，如空调主机、新风机组、冷却塔、水泵、表计、分布式电源、储能装置等，业务数据统一上传至边缘物联代理及平台主站，实现了感知层、平台层、应用层的数据共享，最终实现了平台化综合能源服务。

数据传输主要采用本地通接入和远程通信接入的方式，实现对计量感知信息的有效传输。其中，本地通信主要采用串口、电力线载波、微功率无线等方式，将本地数据汇聚到边缘物联代理装置；远程通信主要采用无线公网、无线专网、光纤专网等方式，实现与平台层的连接。

2.6.2 应急通信

应急通信主要针对地震、雨雪、洪水、故障抢修等灾害环境下的电力抢险救灾场景，通过应急通信车、单兵通信、卫星通信、无线公网、无人机通信等方式实现快速组网，将指挥中心和抢险救灾现场的通信抢通，便于指挥中心实时了解现场救援情况，进行科学决策。

以 5G 技术应用到应急通信的场景中为例，利用 5G 大带宽和边缘特性实现应急通信车独立组网，经无人机实时回传高清视频，为决策提供依据。一台无人机＋一台应急通信车，其中无人机搭载 5G CPE、高清摄像头；应急通信车搭载 5G 基站、图像处理电脑；UPF 设备通过有线的形式部署在附近数据中心（data center，DC），从而在一定范围内及时恢复通信功能，同时具备自组网能力。保障通信时延迟在毫秒级，通信带宽在 2Mbit/s 以上，保障无人机快速切换时业务的连续性。

应急通信车携带 5G 基站和边缘计算设备，在应急通信区域内实现通信组网。网络带宽为 20～100Mbit/s，时延小于 200ms，可靠性为 99.99％，组网区域内的连接数为 5～10 个。

2.6.3　移动作业终端

移动终端与移动应用广泛应用于巡检、抢修以及日常办公业务当中，作为电力企业内部作业与外部服务的延伸，极大地拓展了各级管理人员的工作范围，也为基层班组开展现场作业提供了极强的辅助支撑作用。移动作业终端的系统全部采用 Android 操作系统，设备类型包括手机、平板以及可穿戴设备等。从使用功能和系统性质上分类，移动终端可以分为定制移动终端和普通移动终端；从接入电力信息内网的方式来分，移动终端又分为内网移动终端和外网移动端。两种分类方式相互包含，既一种移动终端既可以是定制的内网移动终端也可以是普通的外网移动终端。

移动作业终端以移动 GIS 为支撑，结合 GPS、RFID、生物特征识别、增强现实、智能语音技术等关键技术，在智能移动终端上实现巡视、运维、检修等场景应用，减轻运维人员二次录入工作，利用缺陷智能识别技术实现缺陷的智能识别以及记录。智能移动终端的应用将极大减轻变电运维人员的工作负担，提升工作质量和效率。

2.7　小　　结

随着能源互联网的推进及智能电网的发展，通信接入网承载业务类型逐渐增多，"十二五"期间，公司接入网建设主要随配电自动化及用电信息采集业务同步开展，"十三五"期间，电动汽车充电桩、精准负荷控制、各类环境、设备状态、电气量采集监测等新业务蓬勃发展。

如今，电力业务涵盖规划建设、生产运行、经营管理、综合服务、新业务新模式发展、企业生态环境构建等，聚焦用户新型用能需求和智能交互，核心终端通信接入网业务需求见表 2－2。

2.7.1　存在的问题

目前，接入网建设主要由电网企业的业务部门主导建设、运维及管理。接入网整体呈现技术体制多、应用场景复杂、通信网络覆盖部分重复的特点，通信技术体制选择受业务需求、通信可靠性、建设运行经济性等影响，单一通信方式也难以满足不同业务、不同场景的接入需求，总体来看，主要存在以下几个问题。

(1) 技术选型缺乏科学指导依据。接入网通信及本地通信技术种类繁多，各种业务场景复杂，终端数量多，终端部署环境差异较大，通信专业参与业务系统（通信部分）规划与建设的深度不够，缺乏统一的技术选择模型及标准指导，而业务部门过度依赖设备厂商，容易误导技术选型。随着能源互联网企业建设，分布式电源及储能接入、电动汽车、综合能源服务、虚拟电厂、智能巡检等新兴业务大量出现，目前在接入网建设方面仍缺乏科学指导。

(2) 接入网建设缺乏统筹规划。骨干通信网建设由通信专业负责建设、运行，在统筹

表2-2 核心终端通信接入网业务需求

序号	业务名称	业务主管部门	业务重要性		业务分类 1-控制类;2-采集类;3-视频类;4-移动类	网络安全性		业务布局 在时间、空间维度上的业务规模及终端规模及分布情况	移动性需求 1-光纤专网;2-无线专网;3-无线公网(2G/3G/4G);4-无线公网(5G)	通信性能需求			通信方式建议 1-光纤专网;2-无线专网;3-无线公网(2G/3G/4G);4-无线公网(5G)
			是否可中断	业务中断影响		安全分区	通道隔离 1-物理隔离;2-逻辑隔离			通信周期	接入带宽	通道时延	
1	配电自动化	设备管理部	否	不能实现对配电网运行的自动化监视与控制	1、2	1	1	规模较小，集中分布	1、2	实时	≥2.4kbit/s	<2s	1、2
2	用电信息采集	营销部	是	不能实现用电信息的自动采集、计量异常监测、电能质量监测、用电分析和管理	2	2	1	规模最大，集中分布	2、3	1天	≥2.5kbit/s	≤5s	2、3
3	电动汽车充电站/桩	营销部	否	不能回传充电桩状态、计量、计费信息，但不影响本地计费功能	2	2	1	规模中等，平均分布	2、3	5min	8kbit/s	5s	2、3
4	分布式电源	营销部	否	不能实现对分布式电源运行的监视和控制	1、2	1	1	规模较小，分散分布	1、2	1min	4kbit/s	5s	1、2
5	精准负荷控制	设备管理部	否	不能对接入层电力用户配电室分路开关及骨干汇聚层装置以及背干汇聚层各节点的控制、监控	1、2	1	1	规模较小，分散分布	1、2	80ms	22.4kbit/s	<50ms	1、2

续表

序号	业务名称	业务主管部门	业务重要性		业务分类 1-控制类; 2-采集类; 3-视频类; 4-移动类	网络安全性		业务布局 在时间、空间维度上的业务及规模及终端规模及分布情况	移动性需求 1-光纤专网; 2-无线专网; 3-无线公网(2G/3G/4G); 4-无线公网(5G)	通信性能需求			通信方式建议 1-光纤专网; 2-无线专网; 3-无线公网(2G/3G/4G); 4-无线公网(5G)
			是否可中断	业务中断影响		安全分区	通道隔离 1-物理隔离; 2-逻辑隔离			通信周期	接入带宽	通道时延	
6	输变电状态监测	设备管理部	否	不能实现输电设备及线路、气象、现场环境等信息的实时监测	2、3	3	2	规模中等，平均分布	1、2	实时	≥2Mbit/s	无	1、2
7	配电所综合监测	设备管理部	否	不能对站房（环网柜、配电室等）进行测温、带电检测，以及不能对少量配电线路进行状态监测	2、3	3	2	规模中等，平均分布	1、2	实时	≥2Mbit/s	无	1、2
8	输配变机器人巡检	设备管理部	否	不能使用无人机、机器人巡检	2、3	3	2	规模中等，平均分布	1、2	实时	≥2Mbit/s	300ms	1、2
9	电能质量监测	营销部	否	不能在线自动采集、监测电网频率、电压、谐波和可靠性等电能质量数据	2	3	2	规模中等，平均分布	1、2	1h	64kbit/s～2Mbit/s	4s	1、2
10	智能家居	营销部	是	不能实现对智能家居的远程控制与管理	1、2	4	2	规模较大，集中分布	1、4	实时	1～4Mbit/s	1s	1、4

续表

序号	业务名称	业务主管部门	是否可中断	业务中断影响	业务分类 1-控制类；2-采集类；3-视频类；4-移动类	安全分区	通道隔离 1-物理隔离；2-逻辑隔离	业务布局 在时间、空间维度上的业务终端规模及分布情况	移动性需求 1-光纤专网；2-无线专网；3-无线公网(2G/3G/4G)；4-无线公网(5G)	通信周期	接入带宽	通道时延	通信方式建议 1-光纤专网；2-无线专网；3-无线公网(2G/3G/4G)；4-无线公网(5G)
11	智能营业厅	营销部	是	影响互动终端营业厅、网上营业厅、短信营业厅、呼叫中心营业厅、手机营业厅、车载移动营业厅、用电自助终端等多种业务形式	2、3	4	2	规模较小，平均分布	1、4	实时	2～4Mbit/s	无	1、4
12	电力应急通信	设备管理部	否	影响在突发事件场景和重要保电场景中的应急指挥和电力运行控制功能	1、3	4	2	规模较小，分散分布	1、2	实时	512kbit/s	≤30ms	1、2
13	视频监控	设备管理部	是	影响变电站现场视频监控、施工现场视频监控和配电视频监控	3	3	2	规模中等，平均分布	1、4	实时	2～4Mbit/s	无	1、4
14	开闭所环境监测	设备管理部	是	影响实时监测开闭所的工作环境，且不能对异常情况做出报警	2、3	3	2	规模中等，平均分布	1、4	实时	2Mbit/s	无	1、4
15	IMS行政交换网移动语音业务	调控中心	是	影响移动中断的行政电话使用	3、4	4	2	规模较小，分散分布	1、2	20ms	23.85kbit/s	<300ms	1、2
16	移动作业	设备管理部	是	影响移动作业平台的使用	3、4	3	2	规模较小，分散分布	1、2	实时	64kbit/s～2Mbit/s	无	1、2

规划建设方面严格执行了本专业的规划，但接入网建设往往由各业务部门具体负责，目前仍存在独立建设现象，网络建设分散且重复，经济性、可扩展性较差，通信资源利用率低，甚至在部分地区存在多网并存的问题，导致运维难度大，运行可靠率不高。针对这一现状，国家电网有限公司提出边缘物联代理的概念，各类通信接入技术统一汇总至边缘计算节点，各业务融汇贯通，接入网将从以往各业务分散建设，向统筹规划、统一建设、业务共享的方向发展，网络架构及运行模式也将发生巨大变化。

（3）通信技术演进方向及业务流量增长趋势不明确。目前，接入网通信以光纤专网、无线公网为主，仍存在光纤专网造价过高、末端延伸能力不足，无线公网的网络安全风险高、可靠性难以保证等问题。随着 5G 技术的发展，适合能源互联网企业建设的通信接入技术需进一步探索。

（4）电力终端接入网针对不同业务采用有线和无线混合、公网与专网混合的接入方式，势必对网络信息安全的管理带来一定困难，因此，有必要针对特定终端和业务类型进行网络信息安全技术升级和管理变革。

2.7.2　发展需求

截至目前电网企业的电力通信网已具备了一定的业务承载能力，但随着电力业务向信息化、智能化及数字化转型发展，新业务不断出现，要实现电网生产、企业经营、客户服务的数字化转型发展，电网企业仍需要不断完善其电力通信网架构。电力通信接入网除了要解决上述长期以来困扰接入网建设的问题之外，还面临着新的发展形势和发展需求。

（1）电力业务快速发展对终端通信接入网承载能力及技术选型提出挑战。随着能源互联网企业建设的推进，除了配电自动化、用电信息采集等常规电力业务，未来还将出现智能巡检、配电环境监测以及未知的新业务，每种业务的通信需求不一样，导致其对接入网承载能力的要求不一致。面对多类业务，电网企业应统筹多种业务接入需求，科学、合理地匹配相关通信技术，为业务提供可靠的通信传输通道，在规划、建设时也应适当超前谋划，为电网企业未来新业务发展预留空间。

（2）终端感知能力的提升影响终端通信接入网的架构变化。长期以来，人为地将终端通信接入网分为 10kV 接入网和 0.4kV 接入网，在可预见的未来，需要对输电线路、配电环境等进行实时监测，并提升电网终端感知水平，这将对终端通信接入网的架构产生影响，导致接入网与电压等级没有直接关系。此外，边缘物联代理（属于边缘计算节点）、融合终端等智能感知设备的出现，既提升了电网末端感知水平，实现了终端信息的统一采集和边缘处理，同时这些设备的部署也将影响终端通信接入网。

（3）实现终端统一接入对终端通信接入网管理提出更高要求。按照惯例，各专业的接入网建设由各专业负责，随着电网企业的数字化转型发展，这将导致电网业务的业务、流程甚至是组织变革，通信网建设有可能打破传统的专业壁垒，电力通信网建设将更需要统筹规划，跨专业协同，既可以提升网络资源利用率和业务保障能力，又可以显著降低建设投资成本。

本章通过梳理电网企业的各类通信业务，按照生产控制大区、管理信息大区将电力业务分为生产控制业务和管理信息业务，选择典型业务进行了详细介绍，并尽可能给出每类电力业务的系统架构以及通信性能指标要求，有助于读者全面了解电力通信业务。

第3章 电力有线通信接入技术

近年来随着物联网技术的迅猛发展，先进的通信技术、信息技术正在深刻地改变传统电网的运维方式，以电力线载波、PON技术及工业以太网为代表的有线通信技术，正在逐渐深入电网运营的每一个环节，为海量的电网业务终端提供了通信"最后一公里"的高效接入。以光纤为载体的EPON、工业以太网具有通信容量大、质量高、性能稳定、防电磁干扰、保密性强等优点，以电力线为载体的载波通信是对光纤通信技术的一个重要补充，充分利用了电网丰富的线路资源，具有安装调试简单的优点。总体来看，电力有线通信的网络架构较为简单，技术成熟，更新换代周期较长，本章将选择其中比较典型的电力线载波、EPON和工业以太网三类典型有线通信接入技术进行简要介绍。

3.1 电力载波通信技术

3.1.1 PLC工作原理

电力线载波通信（power line communication，PLC）是利用高压电力线（在电力载波领域通常指35kV及以上电压等级）、中压电力线（指10kV电压等级）或低压配电线（380V/220V用户线）作为信息传输媒介进行语音或数据传输的一种特殊的通信方式。它作为电力系统特有的一种通信形式，由于输电线路机械强度高、可靠性好，同时具有一定经济性，在电力通信系统中得到了广泛应用。电力线通信的调制技术由传统模拟调制技术，发展到扩频通信技术，再到现今热门的正交频分复用（orthogonal frequency division multiplexing，OFDM）全数字载波技术，电力线通信的信号传输可靠性以及速度也大幅提升。

目前的电力载波通信系统主要由电力线载波网桥、信号耦合器和传输线路等部分组成。

电力线载波网桥：其包括发送部分和接收部分。发送部分每一调制级都有调制器、滤波器、放大器和载频源。其将各路音频信号调制到预定频带位置上，取出有用边带并放大到规定电平。接收部分的工作是发送的逆过程。

信号耦合器：通过信号耦合器可以把载波网桥发送的载波信号耦合到电力线上，也可以把电力线上的载波信号耦合到载波网桥上。低压电力载波通信一般采用内耦合方式，耦合器直接集成在载波网桥上，中、高电力线载波通信必须采用外耦合方式，通过耦合器耦合信号的同时还要隔离高压。

传输线路：利用电力线或同轴电缆等作为媒介传输信号。

载波机关键技术就是对信号的调制，信号的调制和解调在通信系统中是一个极其重要的部分。在国内的电力线载波机中，模拟式载波机一般采用单边带调幅模拟调制，全数字载波机一般采用数字调相技术。目前，不管是窄带载波还是宽带载波均采用了数字调相技术（窄带载波采用 FSK \ PSK 等，宽带载波采用 OFDM 调制）。其中数字载波机基本结构图如图 3-1 所示。

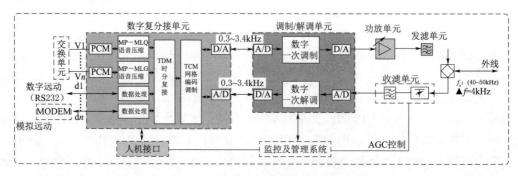

图 3-1　数字化载波机基本结构图

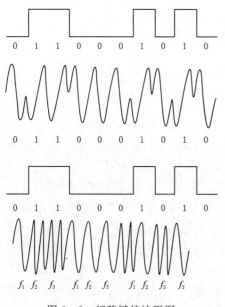

图 3-2　相移键控波形图

（1）频率偏移键控（frequency-shift keying，FSK），频移键控是利用载波的频率变化来传递数字信息，利用基带数字信号离散取值的特点去键控载波频率以传递信息的一种数字调制技术，FSK 主要的优点是抗噪声与抗衰减的性能较好，在中低速数据传输中得到了广泛的应用。

（2）相移键控（phase-shift keying，PSK），这是一种用载波相位表示输入信号信息的调制技术，其波形图如图 3-2 所示。

（3）频分复用（frequency-division multiplexing，FDM），是一种将多路基带信号调制到不同频率载波上再进行叠加形成一个复合信号的多路复用技术。

（4）正交频分复用（orthogonal frequency division multiplexing，OFDM）是一种多载波传输技术，通过频分复用实现了高速串行数据的并行传输，具有较好的抗多径衰弱的能力，能够支持多用户接入，OFDM 技术相比于 PSK 和 FSK 具备频谱效率高、带宽扩展性强、抗多径衰落、频谱资源灵活分配等优点。随着通信技术发展，频率调制及相位调制技术已经逐渐被 OFDM 调制技术所替代。

3.1.2　PLC 通信技术特点

目前，电力系统现有应用的数字载波通信技术主要有窄带、准宽带、宽带等多种方式，三种电力线载波通信技术对比见表 3-1。

窄带载波系统组成比较准宽带、宽带载波更为复杂，抗干扰能力最弱，通信协议较为复杂，功耗较大且安装维护需要更多成本，但它通信距离也更远；准宽带载波和宽带载波

表 3 - 1 窄带载波、准宽带载波、宽带载波技术对比

参数	通信技术		
	窄带载波	准宽带载波	宽带载波
系统组成	主载波机＋从载波机＋耦合器＋阻波器	网桥＋耦合器	网桥＋耦合器
通信速率	5~10kbit/s	20~500kbit/s	5~150Mbit/s
通信时延	<2000 ms	<100ms	<50ms
通信距离	>3000m、无中继	3000m 可中继	2000m 可 10 级中继
通信接口	RJ45、串口	RJ45、串口	RJ45、串口
载波频率	500kHz 以下	0.7~12MHz	2~34MHz（远离干扰频段）
调制方式	QPSK 与实时频分复用，第三代调制技术等	OFDM 正交频分复用	OFDM 正交频分复用（1536路子载波），第四代调制技术
抗干扰能力	弱	强	强
功耗	15W	<3W	<5W
通信协议	自有协议（平衡规约、非平衡规约），需做协转添加设备	TCP/IP 透明传输	TCP/IP 透明传输
安装、维护	需大量配置	即装即用、即换即用	即装即用、即换即用

技术相比较，宽带载波技术载波频率远离干扰频段，且通信速率远大于准宽带载波。

1. 窄带载波技术

窄带载波采用 BFSK 调制、半双工通信，其码速率每相 50bit/s、100bit/s，采用帧中继转发机制，数据链路层支持中继深度可达 32 级，接收信号强度权重参数指示，为中继搜索算法提供支持，提高了通信系统稳定性。窄带载波采用扩频通信（saread spectrum communication）技术，它是用高速伪随机序列去扩展所传输信息的带宽，然后再进行传输，在接收端采用与发送端相同的同步伪随机序列进行信号的相关解扩，恢复所传输信息的一种技术。其技术特点为：

（1）易于重复使用，提高了载波频谱使用率。

（2）抗干扰性强，误码率低。扩频通信在传输时所占有的带宽相对较宽，而接收端又采取相关检测办法来解扩，使有用的宽带信息恢复成窄带信号，同时把非所需扩展成宽带信号，然后通过窄带滤波技术提取有用的信号。这样，对于各种干扰信号，因在其接收端的非相关性，解扩后窄带信号中只有微弱的成分，信噪比很高，因而抗干扰信较强。

（3）保密性好。由于扩频信号在相对较宽的频带上扩展后单位频带内的功率很小，信号湮没在噪声里，一般不容易被发现，而想进一步检测信号的参数（如伪随机编码序列）就更加困难，因此保密性较好。

2. 准宽带载波技术

HPLC 最大的市场应用还是国网招标的电能表及用电信息采集设备，目前主流 HPLC 采用 ARM926EJ-S266MHz 处理器，具备 OFDM 调制，子载波支持 BPSK、QPSK、8QAM、16QAM、64QAM，速率高达 10Mbit/s，抗衰减性能大于 85dB。准宽带载波通信网络一般会形成以中央协调器（central coordinator，CCO）为中心、以代理协调器

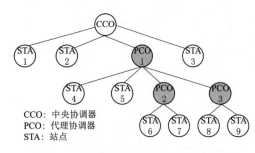

图 3-3　准宽带载波 HPLC 通信网络图

（proxy coordinator，PCO）为中继代理，连接所有站点（station，STA）多级关联的树型通信网络，如图 3-3 所示。

其技术特点为：①频谱利用率高：采用的 OFDM 多载波调试技术中各子载波的频谱互相重叠，并且在整个符号周期内满足正交性，减小了子载波间相互干扰的同时大大减少了保护带宽，提高了频谱利用率；②信道适用性强：基于 OFDM 的信道可以持续实时地监测信道特性的变化，并据此进行不同编码效率、不同调制方案的适应性调整；采用新型的帧控制域数据分集处理机制，可更灵活地实现动态频域资源分配，适应各种条件的信道特征，实现了通信的稳定性、可靠性，保证了持续成功的通信；③抗干扰性强：采用 0.7～12MHz 频段可有效规避大部分用电设备的噪声干扰（<1MHz），能更好地应对复杂的通信环境，提高了抗干扰能力，保证整体通信质量；④通信速率快：采用 OFDM 自适应调制方式，子载波可依据信道情况选择不同速率的调制方式，多车道多行车，通信速度更快。在遇到条件差的信道时会自动切换到抗干扰能力好，速率高的调制方式进行数据传输。

3. 宽带载波技术

宽带载波主要采用 DSS9501＋DSS7800 系列芯片，物理层速率可达 200M，采用 OFDM 调制方式，抗衰减性能大于 85dB，网络结构上主要有 HE（头端）、REP（中继）、CPE（终端）构成，支持 10 级中继结构，网络拓扑如图 3-4 所示。

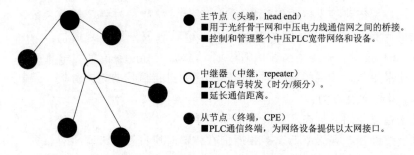

图 3-4　宽带载波技术网络拓扑

其技术特点为：①宽带载波作为以太网技术发展的一个新分支，基于经过广泛验证的 TCP/IP 协议，因而具有完善的链路层和网络层数据保护与验证，远非各种窄带载波的结点组织和中继算法可比；②OFDM 技术具有较好的抗多径衰弱和抗干扰能力，通过选取各子信道，每个符号的比特数以及分配给各子信道的功率使总比特率最大。各子信道信息分配根据"优质信道多传送，较差信道少传送，劣质信道不传送"的原则，获得良好通信性能；③宽带通信速率高，每个 IP 包在毫秒级时间内即完成数据传输，可降低遭受突发干扰的影响，即使一次通信失败，也可按照带冲突检测的载波侦听多路访问网络协议（CSMA/CA）迅速重发，做到数据分段、重组、重传、传输确认机制，确保了数据的可靠传输。

通过以上三种载波技术对比，窄带载波的带宽已经不能满足电网信息的采集需求和带宽要求，而且窄带载波通信模块不支持网管管理，设备模块故障需要业务采集中断后才能发现，严重影响了业务系统的正常工作。窄带载波通信使用的是 3k～500kHz 频段，但是 200kHz 以下的频段干扰和噪声幅度都比高频段大，特别是对于实时性要求比较高的应用场景，不支持多播信息采集，传输延迟严重，窄带载波传输速度也无法满足应用需求。

准宽带、宽带载波所使用的是 0.7MHz 以上频带，远离了电网干扰频段，大幅提升了信号传输可靠性和稳定性。宽带载波在传输速率、时延、抗干扰能力、稳定性等方面明显优于窄带载波，特别是 10kV 中压配电网相对输电网分支多、线路 T 路多，容易产生信号深度衰减。即使是在窄带载波较有优势的通信距离上，目前的宽带载波设备也可通过自身已具备的自动路由选址（动、静态路由双重路由的选择及控制策略）和中继组网机制，做到可以更好地满足端到端的通信解决方案。因此配网自动化等领域正在逐步淘汰窄带载波通信技术。对于配电和用电的各种智能化应用，原有的窄带载波通信带宽已经不能满足业务的快速发展需求，因此，宽带载波是电力线通信技术在电网应用的必然发展趋势。

3.1.3 典型应用场景

（1）电力线载波应用典型架构。目前，城市市区内很多配电设备位于地下室、楼道等公网无线信号不稳定，甚至无信号的区域，这会形成很多配电终端的通信孤岛，无法进行"三遥"通信。可以将信号不稳定、无信号区域配电终端通信通过电力线载波技术将终端通信延伸至上一级的光纤或稳定的公网信号接入点，从而完成终端数据上传，"三遥"通信应用如图 3-5 所示。

电力线宽带载波技术在电力系统上的应用目前主要集中在中压配电网上。目前输电网和变电站光纤已全覆盖，配电网 A 类供电区域也多由光纤结合 EPON 技术进行覆盖，B、C 类供电区域则多采用无线（GPRS、4G、5G 等）方式进行覆盖，但由于配网运行环境复杂，在上述手段均不能很好满足配电网的通信需求时，可以通过电力线载波通信技术进行补充，实现配电网通信要求。配电和用电的智能化应用日益普及，电力线载波技术为配网自动化通信建设提供了一种新的通信技术支撑手段，实现了终端接入网多介绍共享承载，提高了接入扩展能力和使用效率。

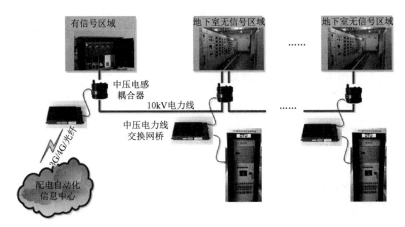

图 3-5　地下室、楼道等无公网无线信号"三遥"通信应用

（2）中压载波在配网中的典型应用案例。国网德阳广汉供电公司所辖 10kV 炳和二路和 10kV 双龙二路安装了多台故障指示器，由于 GPRS 信号不稳定，导致部分设备在线率不高。试点采用中压载波的方式对该区段故障指示器的通信通道进行改善，案例情况描述见表 3-2。德阳广汉 10kV 炳和二路、双龙二路中压宽带载波通信拓扑图如图 3-6 所示。

表 3-2　　　　　　　　　　案例情况描述

序号	时间	地　点	内 容 描 述
1	2020 年 11 月	德阳 10kV 炳和二路	德阳 10kV 炳和二路 70 号大号侧故指终端存在 GPRS 信号弱情况，通信稳定性差，在线率低，采用中压电力线宽带载波通信产品进行通信延伸，至信号良好区域进行上传，提升设备在线率
2	2020 年 11 月	德阳 10kV 双龙二路	德阳 10kV 双龙二路 77 号小号侧故指终端存在 GPRS 信号弱情况，通信稳定性差，在线率低，采用中压电力线宽带载波通信产品进行通信延伸，至信号良好区域进行上传，提升设备在线率

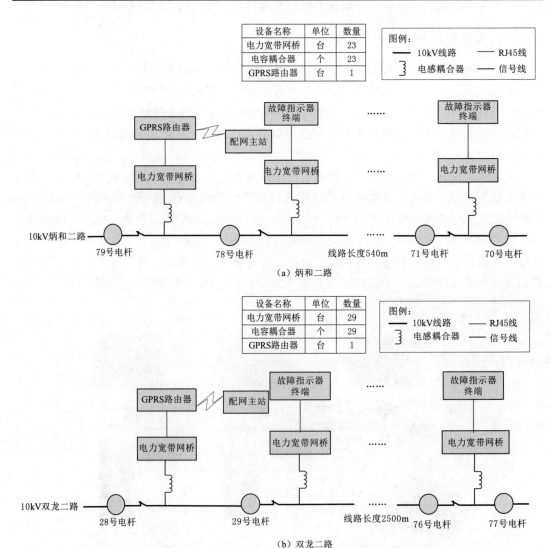

图 3-6　德阳广汉 10kV 炳和二路、双龙二路中压宽带载波通信拓扑图

设备安装完成后，重点对传输速率、通信时延、遥控成功率等指标进行了测试，测试数据表见表3-3、表3-4。

表3-3　　　　　　　　　　测试数据表（德阳10kV炳和二路）

序号	测试项目		实测结果	国网标准（运检三〔2017〕6号）	是否满足技术要求
1	吐吞量（宽带载波通道）	单向上行吞吐量	430kbit/s	上行：19.2kbit/s	完全满足
2		单向下行吞吐量	365kbit/s	下行：19.2kbit/s	完全满足
3		双向吞吐量	795kbit/s	无	
4	时延（宽带载波通道）	上行时延平均值	15ms	通道时延：<2s	完全满足
5		下行时延平均值	18ms		
6	丢包率（宽带载波通道）	丢包率平均值（包长：1024字节，200个数据包）	0.00	无	
7	终端在线率	10kV炳和二路70号大号侧故指终端（无线＋宽带载波）	99%（截至2020年12月31日）	无	

表3-4　　　　　　　　　　测试数据表（德阳10kV双龙二路）

序号	测试项目		实测结果	国网标准（运检三〔2017〕6号）	是否满足技术要求
1	吐吞量（宽带载波通道）	单向上行吞吐量	202kbit/s	上行：19.2kbit/s	完全满足
2		单向下行吞吐量	187kbit/s	下行：19.2kbit/s	完全满足
3		双向吞吐量	389kbit/s	无	
4	时延（宽带载波通道）	上行时延平均值	20ms	通道时延：<2s	完全满足
5		下行时延平均值	23ms		
6	丢包率（宽带载波通道）	丢包率平均值（包长：1024字节，200个数据包）	0.00	无	
7	终端在线率	10kV双龙二路70号小号侧故指终端（无线＋宽带载波）	98%（截至2020年12月31日）	无	

本案例中，广汉公司通过中压电力线宽带载波通信技术的试点解决故障指示器无线信号不稳定的问题，选择在10kV炳和二路、10kV双龙二路两条线路上安装中压载波设备作为试点。10kV炳和二路上已安装的23个故障指示器，在实施中压电力线宽带载波通信技术前，故障指示器平均在线率为61.22%，实施后平均在线率为88.56%，且有14台在线率长期保持在95%以上。10kV双龙二路作为穿林线路，已安装的29个故障指示器，在实施中压电力线宽带载波通信技术前故障指示器平均在线率为59.78%，实施后平均在线率为86.21%，且有15台在线率长期保持在95%以上。

可见，中压载波技术在传输速率、通信时延、遥控成功率等指标方面满足相关技术要求，可以成为配网光纤通信技术的有效补充，其适用于光纤无法延伸的部分线路、原有光缆通道损坏通过中压宽带载波通信技术快速部署等应用场景，形成"光纤专网为主，宽带载波为辅"的配网自动化通信方案，为配网自动化通信建设提供新技术支撑，实现终端接入网多技术共享承载，提高接入扩展能力和使用效率。

3.2 以太网无源光网络通信技术

以太网无源光网络（ethernet over passive optical networks，EPON）是一种基于以太网和无源光网络（passive optical network，PON）的光纤接入技术。该技术的产生是为了让接入网更好地适配 IP 业务。EPON 由第一英里以太网联盟（Ethernet in the First Mile Alliance，EFMA）组织于 2001 年提出，并于 2004 年 6 月形成 IEEE 标准（IEEE 802.3ah）。EPON 采用点到多点结构，利用双波长单纤双向（即上行和下行）的方式进行通信，具有传输距离长，组网方式灵活，带宽大、抗电磁干扰能力强等特点，适于承载电网大带宽、高可靠、低时延类业务，如配电自动化"三遥"、精准负荷控制、高清视频监控等。

3.2.1 EPON 工作原理

EPON 系统由光线路终端（optical line terminal，OLT）、光网络单元（optical network unit，ONU）和光分配网络（optical distribution network，ODN）组成，如图 3-7所示。

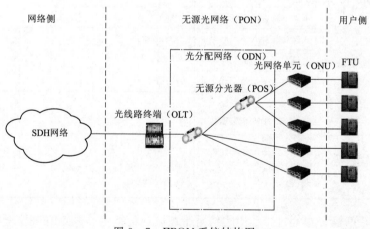

图 3-7 EPON 系统结构图

如图 3-7 所示，EPON 采用双波长单纤双向方式进行信号传输，上、下行速率均为 1.25 Gbit/s。在上行方向上，各 ONU 将信号发送至 OLT（注意：上行方向信号只会达到 OLT，而不会到达其他 ONU），利用 1310nm 频率的波长传输信号；在下行方向上，OLT 将信号广播至各 ONU，利用 1490nm 频率的波长传输信号。为避免各 ONU 上送数据产生冲突，提高网络利用效率，上行方向采用时分多址接入方式，并对各 ONU 的数据发送进行仲裁。

OLT 主要功能包括以广播方式向 ONU 发送以太网数据、发起并控制测距过程并记录测距信息、ONU 功率控制、为 ONU 分配带宽（即控制 ONU 发送数据的起始时间和发送窗口大小），以及实现以太网相关功能等。一个 OLT 最多能够支持 32 个 ONU，由于 EPON 上、下行速率均为 1Gbit/s（由于其物理层编码方式为 8B/10B 码，因此其线路码速率为 1.25Gbit/s），因此每个 ONU 平均可用带宽为 32Mbit/s。OLT 可以理解为一个运行在光层的交换机或路由器，它既向网络侧提供面向 EPON 网络的光纤接口，又对各 ONU 的数据进行了转发，是整个 EPON 系统的核心部件，主要部署于站端机房。

ODN 位于 OLT 和 ONU 之间，由一个或多个无源光纤分支器（passive optical splitter，POS），以及连接 OLT、POS 和 ONU 的光纤组成。EPON 的命名便是在于 ODN 是无源的。ODN 的主要功能是完成光功率的分配，利用 POS 把由光纤输入的光信号按比例将功率分配到若干输出用户线光纤上，一般有 1∶2、1∶4、1∶8、1∶16、1∶32 五种分支比。对于 1∶2 的分支比，功率有平均分配（50∶50）和非平均分配（5∶95、40∶60、25∶75）两大类。对于其他分支比，功率会平均分配至各 ONU。对于上行传输，分光器把用户线光纤上传光信号耦合到馈线光纤并传输至 OLT。POS 也称分光器，不需要外部能源，但会增加光功率损耗，这主要是由于它们对入射光进行分光，分割了输入（下行）功率的缘故。这种损耗称为分光器损耗或分束比，通常以 dB 表示，主要由输出端口的数量决定。ODN 通常为星型和树型结构，也可以部署为环型结构。

ONU 为用户端设备，其主要功能是为用户提供数据、视频和电话等业务接口，主要部署在用户端，如小区住户多媒体箱、环网柜、柱上开关、配电箱等。

3.2.2 EPON 技术特点

EPON 关键技术主要包括动态带宽分配（dynamic bandwidth assignment，DBA）、系统同步、测距和时延补偿等方面。

1. DBA

由于直接关系到上行信道利用率和数据时延，带宽分配是 EPON 媒体接入控制（media access control，MAC）层所需要解决的关键问题。带宽分配分为静态和动态两种，静态带宽分配由数据窗口尺寸决定，动态带宽分配则根据 ONU 的需要，由 OLT 分配。时分多址方式的最大缺点在于带宽利用率较低，采用 DBA 可以提高上行带宽的利用率，在带宽相同的情况下可以承载更多的终端用户，从而降低用户成本。另外，DBA 所具有的灵活性还可以更好地实现用户服务质量（quality of service，QoS）需求。DBA 主要采用基于轮询的带宽分配机制，ONU 实时向 OLT 汇报当前的业务需求，OLT 根据优先级和时延控制要求授权（Grant）给 ONU 一个或多个时隙，各个 ONU 在分配的时隙中按业务优先级算法发送数据帧。

2. 系统同步

由于 EPON 中各 ONU 接入系统时采用时分多址方式，因此 OLT 和 ONU 在开始通信之前必须达到同步才能保证信息正确传输。要使整个系统达到同步，必须有一个共同的参考时钟。EPON 中以 OLT 时钟为参考时钟，各 ONU 时钟和 OLT 时钟需同步。为实现同步，OLT 会周期性地广播发送同步信息给各个 ONU，使其调整自己的时钟。EPON 同步的要求是在某一 ONU 的时刻 T（ONU 时钟）发送的信息比特，OLT 必须在时刻 T

（OLT 时钟）接收。在 EPON 中，由于各个 ONU 到 OLT 的距离不同，因此传输时延各不相同，要达到系统同步，ONU 的时钟必须比 OLT 的时钟有一个时间提前量，这个时间提前量就是上行传输时延，也就是如果 OLT 在时刻 0 发送一个比特，ONU 必须在自己的时刻往返传输时延（round-trip time，RTT）接收。RTT 等于下行传输时延加上上行传输时延，OLT 必须测算出 RTT，并传递给 ONU。获得 RTT 的过程即为测距（ranging）。当 EPON 系统达到同步时，同一 OLT 下面的不同 ONU 发送的信息才不会发生碰撞。

3. 测距和时延补偿

由于 EPON 的上行信道采用时分多址方式，多点接入导致各 ONU 的数据帧延时不同，因此必须引入测距和时延补偿技术，以确保各 ONU 的上行数据在同一时刻只能有一个到达 OLT，从而防止数据发生时域碰撞，并支持 ONU 的即插即用。准确测量各个 ONU 到 OLT 的距离，并精确调整 ONU 的发送时延，可以减小 ONU 发送窗口间的间隔，从而提高上行信道的利用率并减小时延。另外，测距过程应充分考虑整个 EPON 的配置情况，例如，若系统在工作时加入新的 ONU，此时的测距就不应对其他 ONU 有太大的影响。EPON 的测距由 OLT 通过时间标记（timestamp）在监测 ONU 即插即用的同时发起和完成。

EPON 主要具有如下特点：

（1）适配 IP 业务，顺应通信网 IP 化发展趋势。

（2）结构简单，建设成本低。

（3）容量大，能适应不断增长的带宽与新业务演进需求。

（4）运维简单，具有完善的远端设备的状态检测、操作维护和故障管理的能力。

（5）容易扩展，易于升级。

（6）拓扑结构符合接入网拓扑特征，由于无源 ODN 体积小、环境适应性好，无电磁干扰和雷电干扰，有效降低了故障率。

（7）传输距离长（可达 20km）。

（8）功耗低，使用寿命长。

3.2.3 典型应用场景

1. EPON 业务应用典型架构

EPON 技术与配电网结构、配电终端数量与分布、配电设备运行环境、配网业务易扩展性等方面有较好的契合度，因此在电力系统中配电网通信具有广泛的应用，承载了大量配电自动化相关业务。

EPON 设备组网灵活，网络结构也在不断完善，单一链路结构已无法满足配电自动化业务对网络可靠性的要求。因此，配电通信网组网多采用冗余保护组网方式。目前，典型保护组网结构具有三类，分别是链路双向手拉手链状保护结构、链路同向双光纤 T 型拉手保护结构、环形双向保护结构。通过灵活调整这三种保护组网方式，可以构建新型的契合配电线路情况的保护组网结构。

（1）链路双向手拉手保护结构。链路双向手拉手保护结构是基于多路分光器组网技术构建的保护组网方式，在两端站点均放置 OLT 设备，两端各用一根光纤进行传输，每个

ONU 可以接收正、反向两组信号，双 PON 口形成 1+1 冗余保护，能够较好抵抗通道单点故障，适用于城区链状结构的 10kV 线路。其结构如图 3-8 所示。

（2）链路同向双光纤 T 型拉手保护结构。链路同向双光纤 T 型拉手保护结构与链路双向手拉手保护结构类似，也是基于多路分光器组网技术构建的保护组网方式。同样使用两根光纤进行正、反向串接 ONU，形成保护。但与链路双向手拉手保护结构不同的是，链路同向双光纤 T 型拉手保护结构中 OLT 设备均在同一站点。其结构如图 3-9 所示。

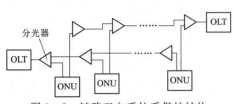

图 3-8 链路双向手拉手保护结构

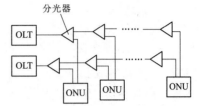

图 3-9 链路同向双光纤 T 型拉手保护结构

（3）环形双向保护结构。环形双向保护结构是利用单 OLT 设备，利用链路形成环状，ONU、双 PON 构建 1+1 保护，正、反向双光纤连接与上、下节点相连，实现链路冗余保护。环形双向保护结构如图 3-10 所示。

2. EPON 在配网中的典型应用案例

目前 EPON 网络在配电网中使用广泛，以某实际应用为例，对上述典型结构进行优化调整，形成符合实际情况的哑铃状组网复合结构。

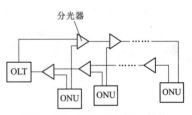

图 3-10 环形双向保护结构

哑铃状组网结构即在 A、B 站点附近采用环形组网，环形与环形交叉，形成链状组网结构。在站点附近采用环形组网方式主要考虑两端点的距离较远，配电终端较多，分级多，导致光衰耗过大无法正常通信，利用环形组网能够保障通道衰耗在可控范围内。

哑铃状组网结构如图 3-11 所示。

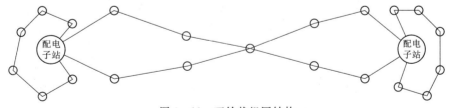

图 3-11 哑铃状组网结构

利用这种结构，光衰耗的要求是制约可带终端的主要因素，根据光通道的计算，每个 PON 口下应不超过 5 个点位，保证通道的正常运作。

某典型应用场景主要由旌湖站、黄河站出线，10kV 线路呈现网状结构，配电通信网选择路由较多也较为灵活。同时，该区域业务多，数据量大，重要性高，选择哑铃状进行配电通信网组网，网络结构如图 3-12 所示。

在图 3-12 中，以旌湖站、黄河站所组成环网为哑铃状组网结构中的"哑铃头"部

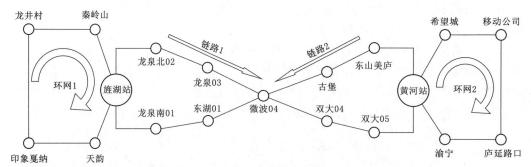

图 3-12　某地哑铃状组网结构图

分，环网 1（由旌湖站、天韵、印象蔓纳、龙井村组成）与环网 2（由黄河站、希望城、移动公司、庐延路口、渝宁组成）采用环形双向保护结构，有效抵抗了单纤单点故障导致业务中断的风险，从而提高了通道的可靠性。旌湖站与黄河站之间的节点形成哑铃状结构的"支杆"部分，分别在链路 1（由旌湖站-龙泉北 02-龙泉 03-微波 04-双大 04-双大 05-黄河站组成）以及链路 2（由黄河站-东山美庐-古堡-微波 04-东湖 01-龙泉南 01-旌湖站组成）采用链路双向手拉手保护结构。在中心节点微波 04 环网柜处，配置 2 台 ONU 设备，ONU 采用串接保护方式，其配置方式如图 3-13 所示。

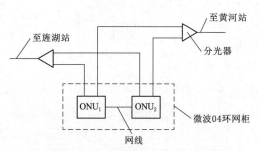

图 3-13　中心节点双 ONU 串接保护方式

如图 3-13 所示，ONU_1 与 ONU_2 均采用双向手拉手配置，并且 ONU_1 与 ONU_2 之间通过网线连接，确保中心节点能在链路 1 或链路 2 发生故障时，链上各节点的正常通信，提高通道的可靠性。

目前，电力系统中的 EPON 技术主要应用于配电网开关、环网柜等场景的信号采集。在未来，随着配网高清视频、动环监控等业务的发展，EPON 网络将进一步发展，可升级到 10G EPON 网络，10G EPON 技术继承了传统 EPON 的全部特点，其最大优势体现为可在保持现有 ODN 网络结构不变的情况下，实现 EPON 网络平滑升级到 10G EPON 网络，并且具备 EPON/10G EPON 混合组网能力。在技术标准方面，10G EPON 标准 IEEE 802.3av 规范针对 10G 的 MPCP 协议（IEEE 802.3）以及 PMD 层进行扩展，并推出了 1G-EPON 和 10G-EPON 并存的分层模型；维护管理方面，则继续沿用 IEEE 802.3ah 相应的 OAM 管理标准，同时增加负荷 IEEE802.3av 的管理规程。同时，10G EPON 标准在光层参数定义上较为宽松，可以继承现有 10G 以太网的相关技术和管理手段。未来随着终端业务及相关高清视频业务的接入需求增长，10G EPON 可以提供更大带宽的接入，具有很强的应用前景。

3.3　工业以太网技术

工业以太网技术是指兼容商用以太网（即 IEEE802.3）标准，但在产品设计、材质选用、产品强度、适用性以及实时性等方面能满足工业现场需要的一种以太网通信技术。它在传统以太网技术的基础上进行了适应性方面的调整，同时结合工业生产安全性和稳定性方面的需求，增加了相应的控制应用功能，提出了符合特定工业应用场需求的相应解决方案。

在能源互联网中，工业以太网多用在各类智能变电站，由于智能变电站中保护、测控装置对通信实时性要求很高，而传统以太网采用的 CSMA/CD 协议是一种非确定性网络通信方式，且不支持优先级传输，即如果大家同时竞争总线发送信息时，就会发生冲突，尤其当网络负载过大时，通信性能会大大降低，导致无法保证将其中重要的信息及时送达指定设备。因此，基于信息优先级、交换式以太网技术的工业以太网，成为构建智能变电站终端通信接入网络的主要形式。

3.3.1 基本工作原理

工业以太网在技术上与商用以太网兼容，但在产品设计时，着重在实时性、可靠性、环境适应性等方面满足工业现场的需要，是继现场总线之后发展起来的最被认同也最具发展前景的一种工业通信网络。工业以太网的本质就是以太网技术办公自动化走向工业自动化。工业以太网与传统以太网的对比见表 3-5。

表 3-5　　　　　　　　　　　　　　工业以太网与传统以太网对比

	传统以太网络	工业以太网络
应用场所	普通办公场所	工业场合、工况恶劣、抗干扰性要求较高
拓扑结构	支持线型、环型、星型等结构	支持线型、环型、星型等结构，并便于各种结构的组合和转换，简单的安装，较大的灵活性和模块性，高扩展能力
可用性	一般的实用性需求，允许网络故障时间以秒或分钟计	极高的实用性需求，允许网络故障时间小于 300ms 以避免产生停顿
网络监控和维护	网络监控必须有专业人员使用专业工具完成	网络监控成为工厂监控的一部分，网络模块可以被 HMI 软件网络监控，故障模块容易更换

工业生产环境的高温、潮湿、空气污浊以及腐蚀性气体的存在，要求工业级的产品具有气候环境适应性，并要求耐腐蚀、防尘和防水。工业生产现场的粉尘、易燃易爆和有毒性气体的存在，需要采取防爆措施保证安全生产。工业生产现场的振动、电磁干扰大等特点要求工业控制网络必须具有机械环境适应性（如耐振动、耐冲击）、电磁环境适应性或电磁兼容性（EMC）等。工业网络器件的供电通常是采用柜内低压直流电源标准，大多的工业环境中控制柜内所需电源为低压 24V 直流。采用标准导轨安装，安装方便，适用于工业环境安装的要求，工业网络器件要能方便地安装在工业现场控制柜内，并容易更换。

工业以太网是按照工业控制的要求，发展适当的应用层和用户层协议，使以太网和TCP/IP 技术真正应用到控制层，延伸到现场层，而在信息层又尽可能采用 IT 行业一切有效而又最新的成果，因此，工业以太网与以太网在工业中的应用全然不是同一个概念。

3.3.2 工业以太网技术特点

工业以太网是专门针对工业应用提出的以太网架构，也可适用于电力系统业务中。工业以太网技术是一种基于光纤组网的通信方式，它具备很强的抗电磁、噪音干扰的能力，同时网络可靠性很高、网络的传输时延较低、传输距离长，这些优点十分契合终端接入通信系统组网的实际工程需求。通过各工业以太网技术指标与各电力业务的通信需求进行综合分析，得到各类电力业务与工业以太网通信技术的匹配，见表 3-6。

表 3-6　　　　　　　　各类电力业务与工业以太网通信技术的匹配

各类业务	EtherNet/IP	Profinet	EtherCAT	P-Net/IP	VNET/IP	EtherNet-Powerlink
配电自动化三遥	√	√	√	√	√	√
配电自动化二遥	√	√	√	√	√	√
用电信息采集	√	√	√	√	√	√
电动汽车充电桩	√	√	√	√	√	√
精准负荷控制	√	√	√	√	√	√
供电电压自动采集	√	√	√	√	√	√
输变电状态监测	√	√	√	/	√	√
智能营业厅	√	√	√	/	√	√
基建视频监控	√	√	√	/	√	√
仓储管理	√	√	√	/	√	√
综合能源	√	√	√	/	√	√
变电站一键顺控	√	√	√	/	√	√

注　表中'√'表示可用。'/'表示不考虑该通信技术。

电力线载波通信、以太网无源光网络（EPON）和光纤工业以太网是电力终端业务三大典型的有线接入通信网络方式。三者在电力业务中的应用优点与缺点见表 3-7。

表 3-7　　　　　　　　三种通信网络组网方式优缺点比较

通信组网方式	优　点	缺　点
工业以太网	(1) 带宽高。 (2) 保护倒换时间低，实时性高。 (3) 传输距离长。 (4) 节点数多。 (5) 安装简单	(1) 对电力系统（配网）中光纤走向、光纤资源的要求较高。 (2) 当环网上节点数目较多时，导致安全性下降，同环中两个或两个以上节点故障都会导致该环网络瘫痪。 (3) 存在网络安全风险
电力线载波	(1) 安全可控、拓扑灵活。 (2) 建设与维护方便。 (3) 无需单独铺设其他通信载体，节约成本	(1) 间歇性噪声较大。 (2) 信号衰耗过大。 (3) 大规模组网非常困难。 (4) 只适用于对网络时延要求较低的通信网络
EPON	(1) 网络建设成本低、运维成本低，经济高效。 (2) 节省光纤资源。 (3) 网络可靠性高	(1) 传输距离与节点数受限。 (2) 而对于单 MAC 地址的 ONU，倒换时间达不到电力上的要求，实时性较差。 (3) 会受到级数限制

由表 3-7 可以看出，工业以太网在这些通信技术中，优势是十分明显的。工业以太网技术具有价格低廉、稳定可靠、通信速率高、软硬件产品丰富、应用广泛以及支持技术

成熟等优点，可适用的工业场景（如智能电网、智慧城市等）十分广泛。

3.3.3 典型应用场景

1. 工业以太网应用典型架构

工业以太网技术在电网中的应用目前主要集中在智能变电站综合自动化系统，其典型结构如图 3-14 所示，网络结构采用"三层两网"结构，三层即站控层、间隔层和过程层，两网即站控层网络和过程层网络，各层之间由通信网络连接而保持联系。通信网络是智能变电站内智能电子设备之间、智能电子设备与其他系统、各系统之间信息交换的纽带，站控层及过程层通信网络均采用高速工业以太网。

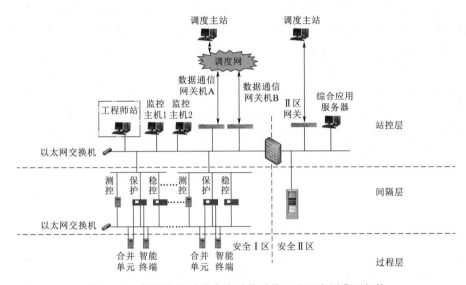

图 3-14 智能变电站综合自动化系统工业以太网典型架构

由图 3-13 可见，工业以太网交换机作为智能站通信网络系统中的核心部件，实时传送大量的测控数据、保护信号、遥控命令等信息，是整个自动化系统可靠性和实时性的技术保障。需要特别强调的是，由于智能变电站中的工业以太网交换机安装在变电站控制室或开关场内，还应该考虑下述的电磁干扰：①高频电压波和电流波，主要由高压开关操作等引起；②靠近高压线路而受其工频电磁场的作用；③瞬态大电流，主要由系统短路故障所导致；④由一、二次系统之间的接地网或各种耦合途径，雷击过电压进入二次回路；⑤带静电的操作人员直接或间接地对设备放电；⑥高频电磁辐射，主要由局部放电等产生；⑦各种低频干扰，如来自低压供电线路的干扰、电力线路上附加的载波信号等；⑧来自移动式无线电发射机、无线电台及各种工业电磁辐射源的辐射电磁场。

当交换机遭受强电磁干扰时，不仅对硬件产生较大影响，还会导致时延加大、丢包、网络堵塞，严重时发生重启、死机等现象。因此，在提升工业以太网交换机硬件防电磁干扰能力的同时，网络冗余配置、增添交换机外部的抗干扰装置都是有必要的。

2. 某 110kV 智能变电站工业以太网应用案例

某 110kV 智能变电站作为电力行业第一批智能变电站试点工程，实现了智能变电站从理论到实践的重大突破。其总体设计方案中遵循国家电网公司《智能变电站技术导则》《110～220kV智能变电站设计规范》中有关技术原则，设计目标为系统自动完成信息采集、测量、控制、保护、计量和检测等基本功能，同时，具备支持电网实时自动控制、智能调节、在线分析决策和协同互动等高级功能。

按照《110～220kV智能变电站设计规范》，智能化变电站的二次设备应采用三层两网的方式进行组网。但作为我国首批智能化试点站，北智能变电站的设计、施工均在此规范出台之前，因此，网络设计并不完全符合此规定，其中二次站内通信网络采用了"四网合一、三层一网"方式，即面向通用对象的变电站事件（GOOSE）报文、采样测量值（SMV）报文、制造报文规范（MMS）报文和IEEE1588对时报文的同网传输方式，以及过程层报文与站控层报文的同网传输方式，站控层设备、智能组件及主变保护测控装置均接入该层网络。这种网络结构在我国仅此一例，这也为智能化变电站二次设备网络化提供了另外一种思路和例证。

此变电站系统架构图如图3-15所示，站内采用环型以太网（单网）结构，并按照IEC61850通信规范进行系统建模及信息传输，通信介质采用光纤。对于110kV分段、110kV线路、电容器、所用变间隔，均采用集合并单元保护测控一体化的智能组件，完成该间隔的所有功能（如保护、测量、控制、计量等），以实现间隔功能自治，即上述功能均不依赖于网络。站域保护（备用电源自投，低周低压减载）因涉及多间隔元件，采样值及跳闸均采用网络方式。为解决网络流量的限制问题，对变电站内以太网进行VLAN划分。

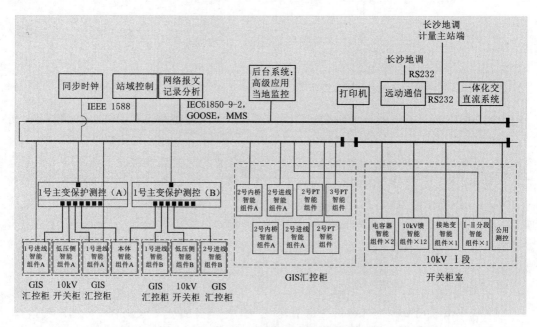

图 3-15　某 110kV 智能变电站系统架构图

此智能变电站在总体设计方案中通信网络使用了三层一网的架构，实现了SMV、GOOSE、IEEE1588、MMS四网合一，过程层采用了集合并单元、智能终端、保护、测控四合一的智能组件，功能高度集成，开发试验了部分高级应用功能，实现了变电站顺序控制、设备状态可视化、智能告警及分析决策、源端维护、站域控制等功能，是智能变电站成功投运的范例之一，为之后智能变电站的构建提供了一种新的实现模式，具有一定的参考价值。

第4章 无 线 接 入 技 术

随着国家"双碳"战略和新型电力系统建设的推进，电网调度运行模式逐步向源网荷储协调控制、输配微网多级协同方向转变，分布式电源调控、精准负荷控制、新型配网保护等电网控制类业务需求不断涌现，对电力通信覆盖范围、带宽时延、可靠性、安全性提出了更高要求，电力通信网进一步向"点多面广，具有泛在接入"的配用电网和分布式能源系统延伸，传统的光纤通信已不能满足要求，其原因是：一是依靠有线构建配用电网和分布式能源系统通信接入网投入大；二是工程实施和后期运维难度大，特别是在城市城区；三是终端接入点虽多，但单点通信带宽需求不高，建设光纤网络性价比极低。近年来，以 4G、5G 为代表的无线通信技术发展迅速，逐步解决了带宽、时延和网络安全等问题，且具备便捷灵活、安全稳定等特点，已成为各行各业解决通信接入"最后一公里"的有效技术手段。未来，开展融合 5G、卫星通信和多种无线通信技术的异构融合网络，建设一张"低时延、高可靠、大带宽、全覆盖"的空天地一体化电力通信网，为电力业务提供泛在、安全、便捷接入是发展趋势。本章对电力 4G 无线虚拟专网、电力 5G 无线虚拟专网、卫星通信技术和其他电力场景常用无线通信技术进行简要分析，并对各种无线通信技术在电力系统中的典型应用场景进行详细阐述。

4.1　电力4G无线虚拟专网

4G，即第四代移动通信技术，其标准由国际电信联盟无线通信部门（ITU-R）于2008 年 3 月制定，同时基于全球移动通信 LTE 标准（long term evolution）发展而来，LTE 的第 10 个版本（Release10）满足了 4G 的所有需求。4G 包含宽带无线固定接入、宽带无线局域网、移动宽带系统，较 3G 有更多的功能。4G 包含 TD-LTE 和 FDD-LTE 两种制式，我国主要采用具有自主知识产权的 TD-LTE 制式，其支持 1.4～20MHz 的频宽灵活配置。4G 依托 OFDM、多输入输出（multiple input multiple output，MIMO）、智能天线和软件无线电（software defined radio，SDR）等技术，在通信质量和速度上实现了显著提升。按照国际电信联盟（ITU）的定义，4G 静态传输速率达到 1Gbit/s，高速移动状态下可以达到 100Mbit/s。

4.1.1　工作原理

电力 4G 无线虚拟专网是充分利用各通信运营商 4G 无线网络，打造的一个规范化、端到端、可管可控、安全可靠的电网专用无线虚拟通信网络，为电力数据提供安全的 4G 无线传输通道。电力 4G 无线虚拟专网总体组网架构采用省电力公司与运营商集中接入的模式。电力 4G 无线虚拟专网的网络位置示意图如图 4-1 所示。

图 4-1　电力 4G 无线虚拟专网网络位置示意图

对于需要接入公司信息内网的无线业务，业务数据从终端接入运营商的无线网络，使用不同隧道技术进行封装，传输至目的地址进行解封装后通过安全装置接入公司信息内网，无线业务接入信息内网示意图如图 4-2 所示。整个网络被划分为终端域、专网域、网络边界和内网域。

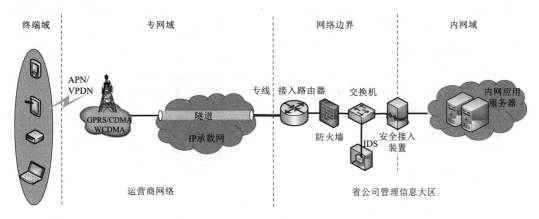

图 4-2　无线业务接入信息内网示意图

终端域：各类电力业务终端依托运营商网络接入，可采用电力专用 APN（access point name）接入或 VPDN（virtual private dialup networks）拨号接入方式。常用的 APN 接入方式一般按照业务分类，不同类型的业务使用不同的 APN 接入，且终端 IP 地址采用静态分配方式。

专网域：业务数据在运营商承载网中传输采用 GRE（generic routing encapsulation）隧道技术或 MPLS（multi-protocol label switching）技术等。GRE 建立一个虚拟的点对点的通路，该隧道上原始 IP 分组被封装成一个新的 IP 报文，路由器根据报文外层的公网 IP 头进行数据转发。MPLS 技术引入了基于标签的机制，把选路和转发分开。MPLS 可以把现有 IP 网络分解成逻辑上隔离的网络，由标签来规定一个分组通过网络的路径，数据传输通过标签交换路径（LSP）完成。

网络边界：网络边界指电网内部安全网络与外部公用互联网的分界线，即企业控制范围的边缘。在该区域须完成针对不同网络环境的安全防御措施，电力 4G 无线虚拟专网网络边界域采用防火墙和 IDS 进行访问控制和网络攻击检测，专线从运营商承载网边界设备开始到电力网络边界路由器结束。

内网域：内网域是电网内部的数据网络、业务网络等，该域采用公司专用的安全接入设备实现终端到边界的加密传输、终端合法性认证和数据隔离交换等安全功能。

4.1.2　专网特性

电力 4G 无线虚拟专网采用了 4G APN 架构，其核心技术仍然基于 4G。在通信技术及性能指标上，电力 4G 虚拟专网具有如下特性：

（1）通信速率高、网络频谱宽：4G 网络相较于 3G 系统更加扁平化，减少了网络节点和系统复杂度，因此降低了系统时延，最高数据传输速率能够达到 100Mbit/s，是 3G 通信的 50 倍左右。每一个 4G 信道将占有 100MHz 的频谱，相比于 3G 要高出近 20 倍。

（2）兼容性强：4G 移动通信在全球范围内实现了统一的通信标准，以 IP 为基础，实现各类电网中终端的无线接入，提供端到端的各类计算终端和网络之间的无缝连接。

（3）多业务融合：4G 通信的业务种类更加丰富，除 3G 通信支持的各种业务外，还增加了高质量图像传输、虚拟现实业务等，可实现电网图片和视频业务的高质量传输。

（4）安全可靠性：电力 4G 无线虚拟专网解决了制约配电环节通信的诸多问题，通过专网通道实现电力数据的安全接入和传输。

国网公司通过建设电力 4G 无线虚拟专网，在管理上实现了无线网络资源的统一汇聚管理，提高网络资源利用率；在技术上，形成统一的标准，规范无线虚拟专网建设；在安全上，打造安全可靠的通道，保障数据的安全性；在经济上，利用公司规模，降低虚拟专网使用资费，提高运营商服务。

4G 电力无线虚拟专网实现了覆盖 27 个省电力公司的无线业务接入，与光纤通信、电力线载波通信等多种通信方式的协同创新，提供语音、数据、图像、视频等多媒体业务，为智能电网的建设提供全方位的信息通信支撑。

4.1.3　典型应用场景及案例

1. 4G 虚拟专网在配电自动化领域的应用

配电自动化业务实现对配电网运行的自动化感知、监视与控制，具备配电 SCADA、馈线自动化、电网分析应用及与相关应用系统互联等功能。配电网感知监控范围覆盖站房端、馈线端、台区端三个关键环节，涉及馈线终端（FTU），站所终端（DTU）、配变终端（TTU）、智能配变终端（ITTU）、故障指示器等终端，每类终端外围布设相应的电气量、开关量、环境量等各类感知终端设备。

四川电力公司的配电自动化组网架构正是基于 4G 虚拟专网。基于 4G 虚拟专网的配电自动化组网架构如图 4-3 所示。公司为配网运行终端配置 4G 虚拟专网专用 APN 卡，在运营商网络通过电力 VPN 隧道传输数据，并在各地市公司建设 VPN 接入专线，通过防火墙和正反向物理隔离装置接入配电主站，遥控采用基于调度数字证书的加密认证，确保运行控制安全性。

通过 4G 虚拟专网，完成配电自动化终端数据传输，单个终端带宽约 19.2kbit/s，完成业务端到端秒级时延，满足配网业务对通道的指标要求。

2. 4G 虚拟专网在 10kV 水电站的应用

随着"双碳"和"建设新型电力系统"目标的提出，新能源（分布式光伏、风电、水电等）越来越多接入电网。四川小水电众多且分布在远离城市、电力光纤资源缺乏的地

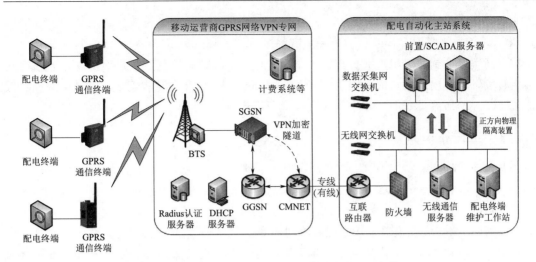

图 4-3 基于 4G 虚拟专网的配电自动化组网架构

方，4G 虚拟专网为 10kV 水电站调度自动化数据的传输提供了一种经济、可靠的方式。

10kV 水电站主要传输调度自动化数据，内容为正向有功、正向无功、瞬时有功功率、瞬时无功功率、功率因素、三相电压、三相电流、装置状态等，采集频率为单个采集终端 5min/次。

基于 4G 虚拟专网的 10kV 水电站数据采集组网如图 4-4 所示，每个采集终端配备 4G 电力 APN 卡，将调度自动化数据经过运营商 4G 电力 APN 通道、数据采集云服务器、省公司 VPN 电力专线、调度安全接入区传送至调度生产控制大区。

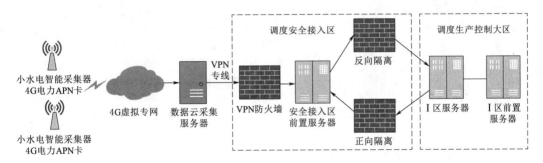

图 4-4 基于 4G 虚拟专网的 10kV 水电站数据采集组网图

当前在攀枝花地区，通过 4G 虚拟专网，完成 90 余座 10kV 水电站调度自动化数据的采集与传送，每个采集点单月传送 450M 的电力数据。

4.2 电力5G无线虚拟专网

第五代移动通信技术（5G）是 4G 技术的延伸和增强，与 4G 主要面向用户（to customer，2C）不同，5G 试图推向各行各业，即面向行业（to business，2B），向数字化和智能化发展。5G 标准定义了增强移动宽带（enhanced mobile broad band，eMBB）、大规模机器类通信（massive machine-type communications，mMTC）和高可靠低时延（ultra-reliable low-latency communications，uRLLC）三种应用场景。相比 4G 技术而言，5G 峰

值速率将从 4G 的 100Mbit/s 提高到 10Gbit/s，可支持的用户接入数量将增长到 100 万用户/km²，满足物联网多行业、多业务类型的海量接入场景。5G 具有全新的网络架构，其中核心网实现控制面和用户面分离，控制面进行统一的策略控制，用户面实现业务数据的路由转发，核心网的用户面功能（user plane function，UPF）从省网下沉到城域网或更低位置，减少网络流量压力，数据在网络边缘即可获取并处理，有效降低时延。

4.2.1　工作原理

电力 5G 无线虚拟专网是依托运营商 5G 网络，基于网络切片、多接入边缘计算（multi-access edge computing，MEC）技术等，虚拟出一张电力行业专用的 5G 通信网络，实现端到端的电网业务传输。

国网四川电力 5G 无线虚拟专网架构图如图 4-5 所示，专网按照省地两级＋变电（换流）站园区模式部署，地市专网主要接入配电自动化、配网保护等控制类业务，省级专网接入用电信息采集、视频监视等非控类业务，变电（换流）站各类业务数据不出园区，直接进入公司内网。根据电力业务安全分区划分，按照 1＋1 方式部署，即 1 张物理切片和 1 张逻辑切片实现业务大类物理隔离，每个切片大类业务再结合软切片手段实现业务之间逻辑隔离，四川电力 5G 虚拟专网业务切片规划如图 4-6 所示。

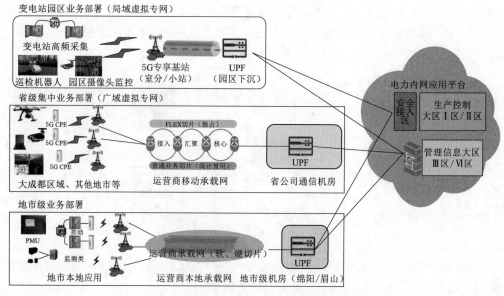

图 4-5　国网四川电力 5G 虚拟专网架构图

1 张物理切片（硬切片）规划：承载安全Ⅰ区、Ⅱ区业务，采用无线侧资源块（resource blocks，RB）资源静态预留和 5G 服务质量标识（5G QoS identifier，5QI）优先级调度、承载网侧灵活以太网技术 FlexE（flexible ethernet）和 VPN＋QoS（quality of service）、核心网侧专用电力控制类 UPF（user plane function）下沉。

1 张逻辑切片（软切片）规划：承载管理信息Ⅲ区、Ⅳ区业务，无线侧采用 5QI 优先级调度、承载网侧 VPN＋QoS、核心网侧可根据实际需求选择 UPF 是否下沉部署或通过省级 UPF 接入。

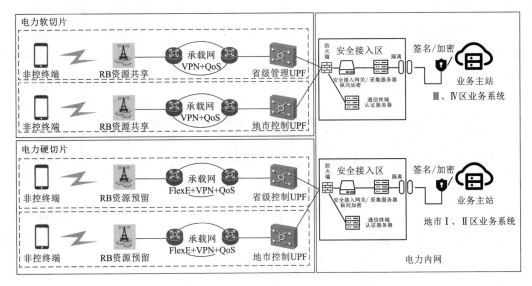

图 4-6　四川电力 5G 虚拟专网业务切片规划

切片通道内为不同业务设置专用 DNN（data network name）、通过映射 VPN 的形式实现业务间逻辑隔离，DNN 内配置多种 5QI 等级，采用差异化的 5QI 等级实现不同业务终端间的优先级调度。

1. 网络切片技术

网络切片基于网络功能虚拟化（NFV）和软件定义网络（SDN）技术，是 5G 最具代表性技术，也是 5G 能广泛、深入应用于电力行业的重要因素。3GPP 对网络切片的定义为：一个网络切片是一张逻辑网络，提供一组特定的网络功能和特性，可编排、可隔离，在统一的底层物理设施基础上实现多种网络服务是网络切片的关键特征。端到端网络切片可以从核心网、承载网以及无线网不同维度进行切片组合，且各维度的切片各有侧重，针对不同用户和业务采用不同切片，形成逻辑与物理隔离，提升网络安全、降低时延，完成灵活的切片划分，可以满足电网不同应用场景的需求。目前运营商提供的 5G 切片模式包括完全独立切片、共享部分网元切片和完全共享切片三种结构，如图 4-7 所示。

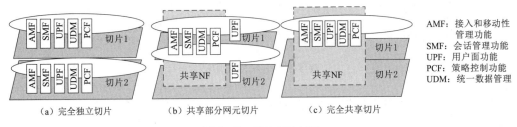

AMF：接入和移动性
　　　管理功能
SMF：会话管理功能
UPF：用户面功能
PCF：策略控制功能
UDM：统一数据管理

（a）完全独立切片　　（b）共享部分网元切片　　（c）完全共享切片

图 4-7　三种切片结构

在无线侧，主要由三种方式实现切片，分别是频谱共享 QoS 优先级调度、资源块 RB 预留和独立专用频谱，如图 4-8 所示。目前，已实现了频谱共享 QoS 优先级调度，该模式下可设置高、低优先级切片内用户，网络拥塞时高优先级切片内用户可抢占低优先级切片内用户的资源；RB 是空口资源分配的最小单位，在每个调度周期内，按照频分的方式调度给终端用户。每个 RB 包括 12 个连续的子载波，典型的 5G 新空口带宽为 100MHz，典型上下行子帧配比为 8∶2，子载波带宽 30kHz，总共 273 个可用 RB。RB 预留即预先分配固定的 RB 资源块给不同用户，形成的不同切片间的资源是隔离的，彼此不能共享（即硬切）；独立专用频谱隔离意味着一类切片独占空口频率，具有更高隔离性和安全性。

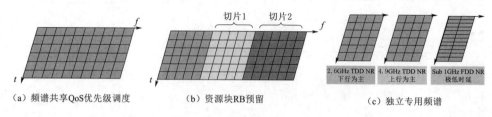

(a) 频谱共享QoS优先级调度   (b) 资源块RB预留   (c) 独立专用频谱

图 4 - 8　无线侧三种切片方式

在承载侧，切片主要通过灵活以太网技术来实现。FlexE 原理如图 4 - 9 所示，通过在 IEEE802.3 基础上引入了全新的 FlexE Shim 层，实现 MAC（介质访问控制子层，属于数据链路层）和 PHY（物理层）的解耦，从而实现上层和下层的数据流速率，不再强制绑定。FlexE 架构图如图 4 - 10 所示，FlexE Client 对应于网络的各种用户接口（UNI），与现有 IP、以太网中的传统业务接口一致，可根据带宽需求灵活配置，例如 10G、40G、100G、200G、$n \times 25G$。FlexE Group 本质上是 IEEE 802.3 标准定义的各种以太网物理层（PHY），FlexE Shim 是整个 FlexE 的核心，它把 FlexE Group 中的每个 100GE PHY 划分为 20 个 Slot（时隙）的数据承载通道，每个 PHY 所对应的这一组 Slot 被称为一个 Sub-calendar，其中每个 Slot 所对应的带宽为 5Gbit/s。FlexE 在不同基础设施条件下，实现了对不同业务带宽的支持，这就是所谓的"灵活性"。基于 FlexE 通道化功能，运营商可以在现有线路上，构建端到端的管道，通过设置不同的管道服务等级，来满足不同行业、不同业务网络切片的需求。

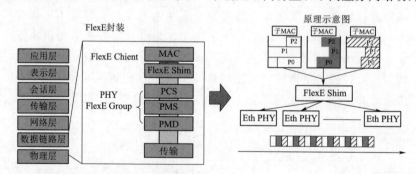

图 4 - 9　FlexE 原理图

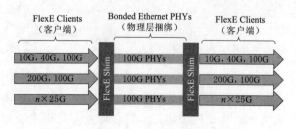

图 4 - 10　FlexE 架构图

2. 多接入边缘计算

多接入边缘计算（multi-access edge computing，MEC）一般指在网络边缘侧通过运营商连接和计算能力的下沉部署，将网络业务流量在本地分流和处理，MEC 实现数据在本地卸载计算，实现计算的就地化，减轻了骨干通信网络负载，降低了由于数据上传和回传带来的时延，同时可避免企业敏感数据穿越公网，提高数据的安全性，从而来满足业务的实时性并减轻云计算体系中其核心网络的带宽拥塞问题。

4.2.2 专网特性

5G 移动通信网络是在 4G 网络的基础上进行调整的，可以分为网络部署环境、接入网以及核心网 3 个部分。5G 通过全新的无线新空口技术，提供峰值 10Gbit/s 以上的带宽，毫秒级时延和超高连接密度，在网络峰值速率、终端移动性、时延性能、频谱效率、用户体验速率、连接数密度、流量密度和能量效率八个维度相比 4G 实现 10～100 倍的性能提升。

（1）支持更高频段，大带宽：5G 支持 FR2（24.25G～52.6GHz）范围内的毫米波段，缓解无线频谱不足矛盾，同时引入波束赋形、波束管理等关键技术解决了高频信号易受干扰、损耗大的问题。5G 定义在低于 6GHz 频段的最大载波带宽为 100MHz，而毫米波段最大支持带宽为 400MHz，为 eMBB 和 mMTC 场景提供了带宽保证。

（2）低时延：空口侧，5G 采用时隙中 OFDM 符号上下行配置来实现频分复用的效果，支持 15k～240kHz 的不同子载波间隔。对于低时延业务，采用较大的子载波间隔来缩短符号长度，从而减小空口时延至 1ms。同时在网络架构层面上，通过控制面/用户面分离、移动边缘计算、CU/DU 分离、网络切片等方案，降低数据在承载和核心网中的时延，实现了端到端的低时延。

（3）更强网络安全性：除网络切片外，5G 引入多种安全技术，提升网络安全性。5G 对称算法密钥长度延长至 256bit，并采用轻量级密码算法，过用户身份 SUPI 加密，提升隐私保护能力。5G 能提供更好的伪基站防护，具备伪基站检测与防护机制。5G 具有更好的用户数据完整性，为用户面引入可选的完整性保护机制，防范数据被篡改。同时 5G 具有更灵活的网络安全服务，统一认证框架（EAP）适配多种安全凭证和认证方式。

（4）具备开放能力：5G 具备各种开放能力，包括网络切片定制、规划部署、运行监控能力，公网运营商开放给用户的各类数据，以及通信终端或模组采集的各类数据。

国网公司建设电力 5G 无线虚拟专网，在有效提升业务数据传输安全性的前提下，可满足电网三大类业务需求：一是高可靠超低时延需求，包括智能分布式配电自动化、毫秒级精准负荷控制、主动配电网差动保护等工业控制类下行业务；二是海量物联终端接入需求，包括低压用电信息采集、智能汽车充电站/桩、分布式电源接入等信息采集类上行业务；三是高清音视频通信需求，包括输变电线路状态监控、无人机远程巡检、变电站机器人巡检、AR 远程监控、视频通话等高清音视频类业务场景。同时，利用 5G 开放能力，可实现电力通信终端的连接管理、设备管理、业务管理、专用网络切片管理、认证和授权管理等创新业务，更好地支撑智能电网运维管理。

4.2.3 典型应用场景及案例

1. 眉山智慧东坡岛 5G 配电网示范区工程

国网眉山供电公司打造眉山智慧东坡岛 5G 配电网示范区工程，于 2019 年 12 月 30 日在 10kV 金湖一线成功投运国内首套 5G 配网差动保护。10kV 金湖一线由 110kV 金龙变电站出线，作为 10kV 湖滨开闭所主供线路，线路全长约为 0.65km，为电缆线路，平均负荷约 5MW。在保留原过流保护的基础上，增设了 10kV 金湖一线相关 5G 差动保护设备，包括 5G 保护装置、CPE、对时装置、电力 5G 虚拟网络。金湖一线 5G 配网差动保护组网示意图如图 4-11 所示，眉山下沉 UPF，搭建地市级核心网 U 平面，配电网保护数据由保护装置至 CPE 经基站至地市 UPF，控制信令至省级核心网 C 平面，减少数据迂回路由，实现电网数据业务本地核心网处理。试点工程实现动作保护时间 200ms 以内，首次验证了商用 5G 网络承载配网要求最严苛的差动保护可行性，为 5G 在配网其他业务的推广应用上奠定基础；同时创新提出省流量数据传输模式，将单设备数据传输流量由每月 3TB 降低至 1GB，有效降低流量损耗，助力规模化推广。

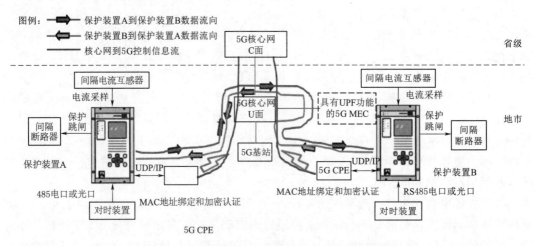

图 4-11　金湖一线 5G 配网差动保护组网示意图

2021 年 9 月 30 日投运全川最齐备 5G 配网网络保护，眉山智慧东坡岛 5G 配网差动保护组网示意图如图 4-12 所示，在东坡岛 10kV 金岛线、金圣一线（10kV 金岛线/金圣一

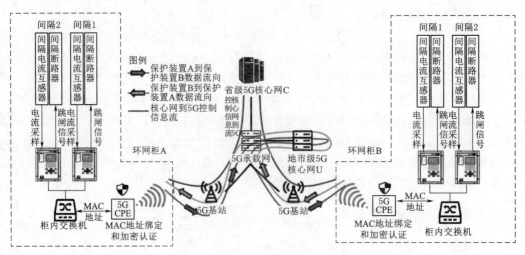

图 4-12　眉山智慧东坡岛 5G 配网差动保护组网示意图

线单环式网络,该馈线网覆盖东坡岛全部供电负荷,环网主线长度约 8km) 的站内开关、沿线环网柜实施功能改造,实现基于 MAC 地址通信的 5G 网络方向保护功能,将岛内配网故障隔离精准度由 2% 提升至 73%,同时实现非故障区域不供电或快速恢复电的功能,有效缩短故障处置时长至 1.5h/(km·次)。

2. 绵阳北川县域 5G 配电自动化专网

2022 年,国网四川绵阳公司于北川县建设 5G 配网应用示范区。在示范区内利用 5G 电力虚拟专网承载北川新县城共计 50 个配电自动化"三遥"终端接入。

经绵阳电力公司与运营商测试,绵阳北川县城 5G 网络覆盖率 92.06%,5G 时长驻留比 97.97%,下载速率 229.3Mbit/s,可以支撑配电自动化及其他的业务应用。绵阳北川 5G 专网覆盖图如图 4-13 所示。

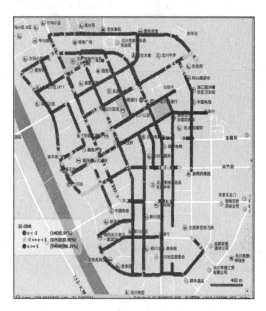

图 4-13 绵阳北川 5G 专网覆盖图

在原有配电自动化的系统基础上,利用 5G 网络替代 EPON 网络实现"三遥"信息传输。配电自动化终端连接 CPE(5G 工业级路由器)设备,通过电力专用 UPF 设备,经过安全接入区,利用 104 规约向配电自动化主站上传配电设备电流、电压等遥信遥测数据,接受主站下发的遥控信号,并通过二次回路对配网电气装置进行控制。基于 5G 电力虚拟专网的配电自动化业务接入组网图如图 4-14 所示。

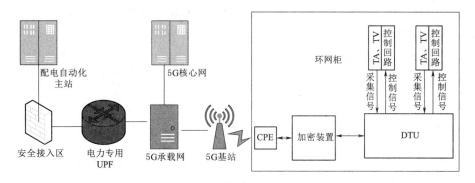

图 4-14 基于 5G 电力虚拟专网的配电自动化业务接入组网图

绵阳北川建设了一张电力硬切片承载配电自动化业务,于运营商无线网侧 RB 资源预留、承载网侧 FlexE 技术、核心网侧电力控制类业务专用 UPF 下沉的端到端硬切片。

包含 5G 终端的配电自动化系统安全防护架构如图 4-15。配电自动化主站系统划分为生产控制大区、管理信息大区。配电主站中具有实时监视、实时控制等功能的终端位于生产控制大区;配电运行状态管控类终端(配变终端、状态监测终端等)位于管理信息大

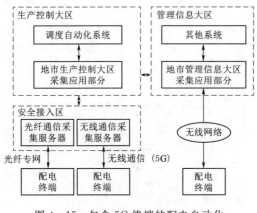

图 4-15 包含 5G 终端的配电自动化
业务安全防护架构

区；基于 5G 的配电终端需单独在安全接入区设立独立服务器，通过安全接入区完成数据传输。

将常规配电自动化"三遥"终端改造为智能分布式 DTU，通过 5G 通信网络传递智能分布式 DTU 的保护控制信息，实现区域保护功能，保护动作时间小于 200ms，自愈动作时间小于 1000ms，从而减小故障引起的停电范围，快速恢复非故障失电区域。目前绵阳北川试 5G 专网接入的终端，平均在线率在 99.99％ 以上，运行情况稳定，支撑功能良好。

4.3　卫 星 通 信 技 术

人造卫星（以下简称"卫星"）是环绕地球在空间轨道上运行的无人航天器。按照卫星业务可分为通信卫星、导航卫星、遥感卫星、太空观测卫星以及试验卫星。卫星通信具有广域覆盖、机动灵活、抗毁性强等特点，可作为光纤通信的有效补充，为电力系统的无信号区输电线路在线监测装置、无人机自主巡检、基建安全管控、"源端"信息采集等生产经营以及电力应急抢险提供"高可靠、广覆盖、高质量"的通信通道。

2021 年 11 月，工业和信息化部发布《"十四五"信息通信行业发展规划》，提出要加快布局卫星通信，推进卫星通信系统与地面信息通信系统深度融合。深化卫星通信技术在电网各业务领域的研究与应用，既是响应国家政策引领与驱动的需要，也是全面支撑好公司全链条、全环节、全业务高效运转的基础。本节主要讨论可有效支持电力系统业务的三类卫星技术：多用于承载电力内网宽带业务的传统通信卫星、多用于承载卫星互联网的高通量通信卫星和多用于承载电力内网窄带业务的北斗导航卫星。

4.3.1　卫星通信的工作原理

卫星通信系统由空间段和地面段两部分组成。空间段以卫星为主体，并包括地面卫星控制中心（satellite control center，SCC）和跟踪、遥测及指令站（tracking, telemetry and command station，TT&C）。地面段包括了支持用户访问的卫星转发器，并实现用户间通信的所有地面设施。卫星地球站是地面段的主体，它提供与卫星的连接链路，其硬件设备与相关协议均适合卫星信道的传输。除地球站外，地面段还应包括用户终端，以及用户终端与地球站连接的"陆地链路"。由于传统通信卫星、高通量卫星以及北斗导航卫星属于不同的卫星体系，在电力系统应用中，结合业务需求分别建立了基于传统通信卫星的电力卫星通信系统、基于高通量通信卫星的卫星互联网系统、基于北斗导航卫星的北斗综合服务平台。

4.3.1.1 基于传统通信卫星的电力卫星通信系统

传统通信卫星多为大波束覆盖，其单波束的覆盖面广。通过租赁卫星运营商卫星带宽资源，由电力系统自建地面的卫星通信系统（包括卫星中心站、卫星固定站、卫星便携站、卫星车载站等），构建电力卫星专网，用于承载视频会议、行政电话、OA 等电力内网业务。典型系统架构如图 4-16 所示，系统采用甚小口径终端（very small aperture terminal，VSAT）卫星通信系统架构，结合无线单兵图传、超短波对讲等近程接入方式组建。VSAT 卫星通信由中心站、车载站、固定站和便携站等卫星地球站组成，各类业务终端（视频监控、视频会议终端、语音网关、操作终端等设备）与卫星地球站互联，并在各类卫星地球站内加装加密机，进行卫星链路空口加密，实现系统内各个站点之间的各种通信业务（语音、视频、数据）安全、可靠的传输要求。

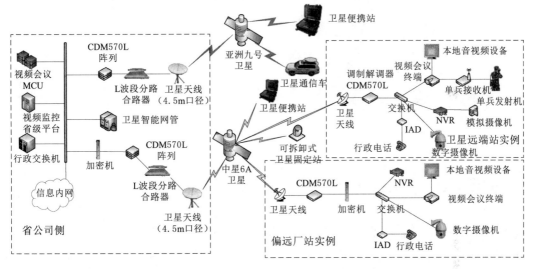

图 4-16　传统通信卫星应用典型系统架构

4.3.1.2 基于高通量通信卫星的卫星互联网系统

高通量通信卫星采用点波束方式覆盖，单波束覆盖范围小，数据容量大。目前国内高通量卫星仅有两颗：中星 16 号和亚太 6D，卫星通信容量分别可达 20Gbit/s、50Gbit/s。高通量卫星通信系统仍采用 VSAT 卫星通信，但由于目前卫星运营商暂不支持用户自建高通量卫星中心站组网，因此现阶段采用向卫星运营商购置流量方式运行。电力系统仅负责车载站、固定站和便携站等卫星地球站的建设，不再建设管理高通量卫星中心站。由于其无法实现电力系统完全地自主管控，故多建设卫星互联网，i 国网、操作终端、无人机巡检、输电线路在线监测等业务终端通过 WiFi 或有线方式与卫星地球站相连，与内网数据的交互通过公司互联网大区统一进入信息内网，实现与内网业务系统实时交互，系统架构如图 4-17 所示。

4.3.1.3 基于北斗导航卫星的北斗综合服务平台

北斗导航卫星系统由三类轨道卫星组成，包括 3 颗地球静止轨道（GEO）卫星、

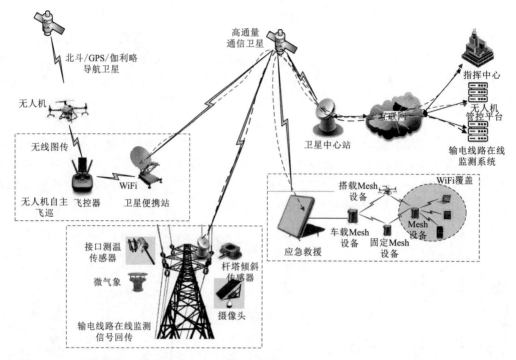

图 4-17　高通量卫星应用典型系统架构

3 颗倾斜地球同步轨道（IGSO）卫星和 24 颗中远地球轨道（MEO）卫星，系统对外可提供多种服务。电力系统依托北斗导航提供的定位导航授时（RNSS）、区域短报文通信（RSMC）、地基增强（GAS）等服务在地面建设电力北斗地基增强站，在省级建设电力北斗综合服务平台，通过隔离装置与内网各业务系统实现数据交互，统一对电网各个业务领域提供精准的位置服务、授时服务以及区域短报文服务，支撑运检、基建、营销、后勤、调度等各专业的应用。北斗导航卫星应用典型系统架构如图 4-18 所示。图中用数字的不同形式区分不同业务。

4.3.2　卫星通信的技术特点

传统通信卫星和高通量通信卫星由于具有大带宽的特点可传输视频、语音、数据等高速率的业务，而北斗导航卫星则多用于定位、授时以及速率低、延时要求低的业务。传统通信卫星、高通量通信卫星及北斗导航卫星的技术特点见表 4-1。

4.3.3　典型应用场景及案例

1. 传统通信卫星在基建领域的典型应用案例

国网四川电力基于传统通信卫星建设了基建指挥系统，配备了 5 套卫星固定站、5 套卫星便携站，在公司内网部署基建视频监控平台及与其他业务系统的接口设备，可实现与变电站视频监控平台和统一视频监控平台的数据推送，同时还具备内网 OA、语音网关、视频会议等业务接入能力，解决了偏远地区基建建设工程由于无信号覆盖，致使监控手段缺失的问题，基于传统通信卫星的基建视频监控系统架构如图 4-19 所示。

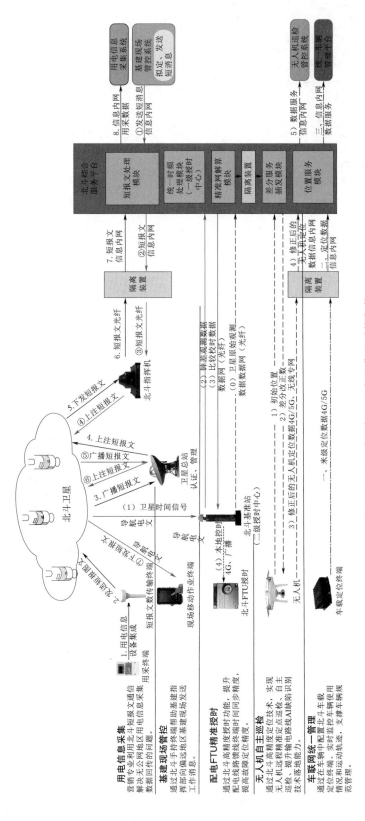

图 4-18 北斗导航卫星应用典型系统架构

表 4 - 1 各 类 卫 星 技 术 对 比

序号	对比项	传统通信卫星系统	高通量卫星系统	北斗导航卫星系统
1	波束覆盖	单颗卫星，波束数量2～15个，半球波束，覆盖范围约200km	单颗卫星，点波束覆盖数量超过100个，覆盖范围300～700km，相邻波束频率不同	多颗卫星，单颗波束数量2～15个，可实现全球覆盖
2	频率	主要为C频段和Ku频段	主要为Ku频段和Ka频段	主要为S、L、C频段
3	轨道位置	同步轨道	同步轨道	3颗地球静止轨道（GEO）卫星、3颗倾斜地球同步轨道（IGSO）卫星和24颗中远地球轨道（MEO）卫星
4	卫星吞吐量	1～100Gbit/s，取决于转发器数量和信号处理方式	最高1Tbit/s，取决于卫星的功率、波束数量和信号处理方式	可达1000万次/h以上
5	单站典型速率	上行：5Mbit/s；下行：5Mbit/s	上行：5Mbit/s；下行：10Mbit/s	单次报文可传输容量14kbit（1000汉字）
6	时延	约580ms	约600ms	约0.5～5s
7	定位精度	不具备	不具备	网络RTK：水平0.05m，高程0.10m；后处理相对基线测量水平≤0.005m+1×$10^{-6}D$，高程0.01m+2×$10^{-6}D$，PPP水平0.3m，高程0.60m
8	优势	覆盖范围大，可覆盖全球1/3的地理位置，适用于当前大多数的应用和终端设备；可自建网络，安全性高	卫星容量使用性价比高，接近地面通信水平；速率高	全球覆盖，具有高精度定位能力，卫星终端设备小功耗低；可自建地面系统，安全性高
9	劣势	灵活性较差，吞吐量较小，比大多数的地面通信系统使用成本高很多	点波束适用于点对点的互联网通信；安全性低	速率低，延时大，仅适用于速率、延时要求低的业务数据

基建指挥系统建设投运后，有力支撑甘孜变、石渠变、乡城变、水洛变、宣汉变、丹巴变、新都桥变、巴塘变、盐源变、会东变、大源变、马尔康变、大金河桥等基建施工现场广泛应用，现场设备及视频监控如图4-20所示。其进一步提升了建设工程进度、安全、质量管理管控，解决了地区通信难、监控手段欠缺的问题。

2. 高通量卫星在输电领域的典型应用案例

国网四川电力在500kV山桃线通过高通量卫星搭建卫星互联网，为无人机自主飞巡提供精准定位的数据通道，开展无人机自主飞巡，解决了部分输电线路因无4G/5G公网覆盖无法实现无人机自主飞巡的问题，同时也可为输电线路沿线巡视人员提供应急通信保障手段。基于高通量卫星实现输电线路无信号区无人机自主飞巡系统架构如图4-21所示。

通过试点测试，带宽上行速率可达10Mbit/s、下行速率可超过10Mbit/s，见表4-2。

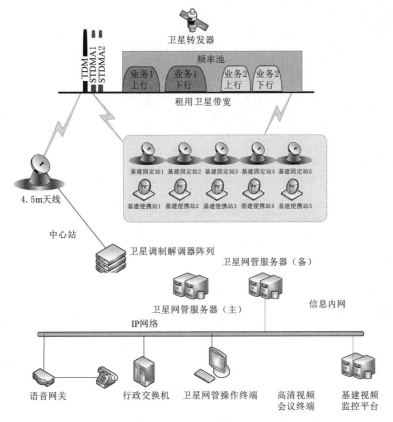

图 4-19 基于传统通信卫星的基建视频监控系统示意图

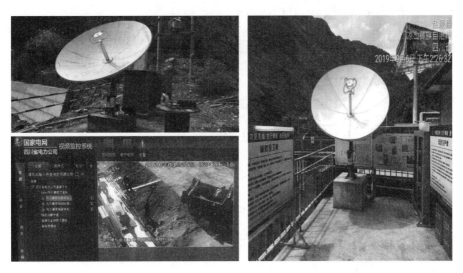

图 4-20 基于传统通信卫星的基建施工现场设备及视频监控

网络连通性和稳定性无异常，无人机自主飞巡的任务管理、精细化飞巡、通道飞巡、环绕飞巡以及图片上传等功能均能实现，见表 4-3。

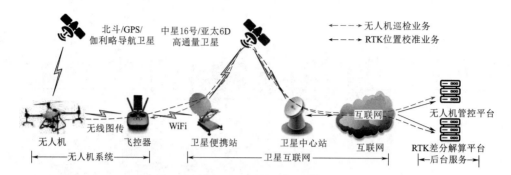

图 4-21 基于高通量卫星实现输电线路无信号区无人机自主飞巡系统架构图

表 4-2　　　　　　　　　　网 络 质 量 测 试

测试项	中星 16 号	亚太 6D
额定带宽（上行/下行）/（Mbit/s）	10/10	5/10
远端接收值/dB	10～12	5.9～6.5
互联网访问	正常	正常
双向时延/ms	704	677
丢包/%	0	0
网络测速（上行/下行）/（Mbit/s）	8.69/8.21	5.21/9.69

表 4-3　　　　　　　　无人机自主巡检业务承载测试

测试项	中星 16 号		亚太 6D	
无人机自主巡检测试流程	账户登录	√	账户登录	√
	任务管理操作	√	任务管理操作	√
	精细化飞行	√	精细化飞行	√
	环绕飞行	√	环绕飞行	√
	通道飞行	√	通道飞行	√
	图片上传	√	图片上传	√
图片上传（11 张高清照片）	7 分 18 秒		4 分 13 秒	
流量	13.25MB		11.38MB	

3. 北斗卫星精准定位在运检领域的典型应用案例

国网四川电力在 220kV 汉音二线 21 号、110kV 湾萝线 123 号/124 号、110kV 坝绵线 02 号、220kV 下石一二线 24 号部署应用基于北斗导航卫星技术的杆塔倾斜监测终端，将卫星高精度差分定位模块与倾角传感器耦合形成的一体化监测设备，实现对电力杆塔状态的全时段实时监测，解决了人烟稀少、交通不便、无信号区域无法实现杆塔倾斜监测的问题，基于北斗的输电线路塔倾斜监测系统架构如图 4-22 所示。

基于北斗导航卫星的杆塔倾斜监测系统可以实时采集到监测杆塔的顺线倾斜角、横向倾斜角、杆塔顶部位移、高程等数据。一旦出现监测值超出安全范围的情况，第一时间发出告警信号，定位故障点，辅助运维检修人员及时采取处置措施，提高输电线路安全和可

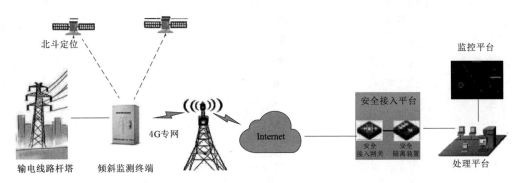

图 4-22 基于北斗的输电线路塔倾斜监测系统结构示意图

靠性。杆塔倾斜监测利用北斗差分定位技术和优化的解算方法，能提供厘米级定位精度，结合高精度倾斜测量，可对被监测设施的绝对位置和相对形变进行测量，为输电运检业务的综合应用赋予时空属性，进一步提升输电专业运维检修工作效率。基于北斗的输电线路塔倾斜监测实时数据示意图如图 4-23 所示。

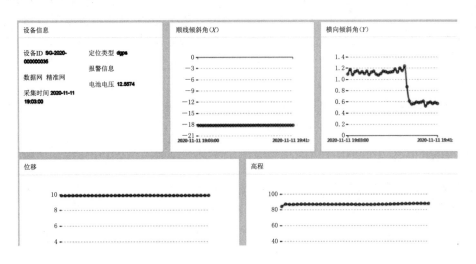

图 4-23 基于北斗的输电线路塔倾斜监测实时数据示意图

4.4 其他电力常用无线通信技术

随着公司数字化转型和新型电力系统建设的推进，大量新型业务不断涌现（如各级变电站机器人巡检、输配电线路无人机监测、现场移动作业等），电力业务呈现点多、面广、泛在接入的特点。为适应多样化的业务通信需求，为电力业务提供便捷、可靠接入，多种无线通信技术（如 WAPI、无线专网、LoRa、Zigbee 等）广泛应用于电力生产和管理各环节。

4.4.1 WAPI 无线局域网

目前，变电站内机器人巡检、移动作业、设备智能监测等业务逐步普及，推进着电力设备运行状态和外部环境监测向着智能化、信息化发展。传统变电站内电力通信网的接入方式已无法完全适应业务的多样化接入需求，无线局域网技术凭借其大带宽、组网边界灵活且易扩展、产业成熟、成本低等优势，为电力行业提供较好的变电站通信解决方案。电网常用的无线局域网分为 WiFi 和 WAPI（wireless LAN authentication and privacy infrastructure）两类，两者均采用 IEEE802.11 系列国际标准的物理层技术，不同点在于 WAPI 是我国标准，具有自主知识产权，采用双向认证，具有更高网络安全性。近些年来，在国家电网、南方电网的各类场景中，WAPI 无线局域网技术凭借其较高的网络安全能力得到了广泛关注和应用。

WAPI 是我国首个在计算机宽带无线网络通信领域自主创新并拥有知识产权的安全接入技术标准。WAPI 包括 WAI（WLAN authentication infrastructure）和 WPI（WLAN privacy infrastructure）两部分。WAI 和 WPI 分别实现对用户身份的鉴别和对传输的业务数据加密，其中 WAI 采用公开密钥密码体制，利用公钥证书来对 WLAN 系统中的 STA 和 AP 进行认证；WPI 则采用对称密码算法实现对 MAC 层 MSDU 的加、解密操作。

WAPI 采用双向均认证，从而保证传输的安全性。WAPI 安全系统采用公钥密码技术，鉴权服务器负责证书的颁发、验证与吊销等，无线客户端与无线接入点都安装有鉴权服务器颁发的公钥证书，作为自己的数字身份凭证。当无线客户端登录至无线接入点时，在访问网络之前必须通过鉴别服务器对双方进行身份验证，根据验证的结果，持有合法证书的移动终端才能接入持有合法证书的无线接入点。WAPI 鉴别过程引入了接入点和站点均可信的第三方鉴别者来进行双方身份的鉴别，并采用了基于椭圆曲线密码算法的非对称公钥密钥技术，无需为鉴别过程的信息交互建立安全通道，也就是对于认证过程不需要加密但却是安全的。整个鉴别过程具有简单、高效、安全等特性。

4.4.2 电力无线专网

电力无线专网是电网企业基于授权电力专属频率的基础上自建的一张可管、可控、一网多能的无线通信网络，2012 年起，国网公司采用 LTE 1800MHz、LTE 230MHz 和 IoT（物联网）230MHz 三种制式开展了电力无线专网的试点建设，表 4 - 4 为三种技术体制对比。截至 2021 年年底，江苏省公司建设 1800MHz 专网基站约 4000 余座，接入配电自动化等电网控制终端 2 万余个，接入用电信息采集和融合终端等业务 16 万余个。浙江嘉兴公司建 230MHz 基站 300 余座，接入用电信息采集、配变检测等业务终端 1.3 万余个。

表 4 - 4　　　　　　　　　电力无线专网三种技术体制对比

对比维度	1.8G TD-LTE	LTE-G 230MHz	IoT-G 230MHz
产业链成熟度	TD-LTE 的产业链完全符合 3GPP 标准，具有完整的产业链。特别华为 TD-LTE 占全球 50% 的 TD-LTE 市场份额。华为在 TD-LTE 核心专利份额在全球无线设备厂商中排名第一	处于可行性验证阶段，仍有很多诸多实际问题未解决，如异系统的干扰潜在问题，无实际商用案例。产业链封闭。到目前为止，仅有普天提供 LTE-G 230M 方案的端到端的产品。由于零部件标准化不强，成本一直高居不下，且存在售后服务风险	基于 4.5G，面向 5G，bT-G230MHz 使能电力物联网、类 LTE 与 NB-bT 协议栈复用 LTE NB-bT 产业链，具有更开放的生态能力

续表

对比维度	1.8G TD-LTE	LTE-G 230MHz	IoT-G 230MHz
网络性能	TD-LTE 系统时延小，性能高，可同时承载多路高清视频监控业务（在上海世博会、广州亚运会等实际项目中均已得到验证）。TD-LTE 基站支持 5MHz、10MHz 和 200MHz 带宽，速率高，容量高，同时扩容方便，受限制少	受实际可用频点带宽所限，业务传输性能（如时延、吞吐量等参数）较差。单子带 25kHz 频谱提供 44kbit/s 速率，载波聚合后的带宽仍然比较窄（40 × 25kHz = 1MHz），支持的速率极其有限，容量低，只能达到 2Mbit/s 左右的峰值速率	10ms 帧长，免调度，空口 20ms 超低时延满足精准负控时延需求。离散载波灵活选择和聚合，223 ～ 226MHz，229～233MHz 带宽内 7MHz 离散载波灵活选择和聚合，满足多样的电力业务要求。业务切片：资源隔离实现控制类、采集类业务隔离和不同需求。支持 IPV4/V6 双栈，满足未来海量终端部署要求。基于宏站 LTE 分支开发，架构上支持 230MHz&1800MHz 网络融合，保护投资，简化运维
终端	CPE 轻便（≤2.5kg），体积小（约 25cm × 25cm × 6cm），安装便捷，维护轻便	终端笨重：体积大（38cm × 26cm × 10cm），重量大（≥10kg），安装不便，维护困难	体积小（约 25cm×25cm×6cm），安装便捷，维护轻便。DRX，简化协议栈终端模组静态功耗小，支持电表和故障指示器
干扰	TD-LTE 的严格遵守宣称频谱，符合标准	25k 载波聚合，实际使用 1.4MHz 以上频谱，非法使用和干扰其他周边频谱	跳频，控制信道备份；跳频范围广，7M 带宽；分组跳频支持窄带聚合，控制信道备份提高可靠性
频段具体信息	1785～1805MHz	230MHz	223～226MHz，229～233MHz 带宽内 7MHz 离散载波灵活选择和聚合，满足多样的电力业务要求
频段用途	行业通用通信频段	电力数据采集频段	电力数据采集频段

电力无线专网通信系统主要由核心网、基站、通信终端及网管系统构成，如图 4-24 所示，核心网主要负责业务数据传输和接入控制管理，包含 MME、S-GW、PGW、HSS 等网元。基站负责提供无线信号覆盖以及终端设备的接入控制，一端通过无线空口与终端连接，另一端通过 S1 接口和核心网相连，完成空口与地面电路之间的信道转换与桥接。通信终端是与基站进行数据交互的无线节点设备，负责电力业务终端数据的汇聚和上传，以及接收主站下发的控制指令。网管系统为整个网络系统的网络管理单元，负责对核心网、基站以及终端进行管理，主要包括设备管理、终端管理、故障告警、网络分析优化等功能。

4.4.3 低功耗无线通信

近年来，随着工业物联网的不断发展，抄表、环境监测等遥信遥测业务不断增加，这类业务终端一般部署于生产现场，环境较为复杂，具有免维护、功耗低、快速接入和通信速率低等需求。而传统的无线局域网和 4G、5G 等长距离移动无线通信技术无法完全适应工业物联网发展需求，相应的低功耗无线通信技术应运而生。目前，在电网中应用较多的低功耗无线通信技术有近距离的 ZigBee 和远距离的 LoRa。

1. ZigBee

ZigBee 是基于 IEEE 802.15.4 标准的低功耗局域网协议，是一种面向自动控制的低速

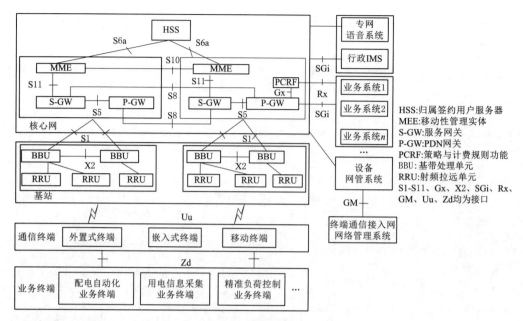

图 4-24 电力无线专网通信网络结构示意图

率、低功耗、低成本、短距离无线通信技术，其主要技术特点如表 4-5 所示。其协议栈是在 OSI 七层模型的基础上根据市场和实际需要定义的，自下而上包括物理层、媒体访问控制（MAC）层、网络层和应用层等。物理层负责无线发射机的激活或非激活状态管理，节点采用 CSMA/CA 方式进行空闲信道评估、信道频率选择、数据的发送和接收。MAC 层主要对无线物理信道的接入过程进行管理，并产生和识别节点网络地址以及帧校验序列。网络层负责完成网络层级的通信，包括网络拓扑结构管理、节点间的路由选择以及消息安全性控制。应用层主要根据应用由用户自主开发，维持器件的功能属性，根据服务和需求使多个节点间能够进行通信。

表 4-5   ZigBee 技 术 特 点

ZigBee	
物理层	IEEE 802.15.4
工作频段	2.4GHz
组网协议	AODV 路由，适用于无线信号很稳定的场合
功耗性能	路由节点不能休眠，可以电池供电
网关需求	需要十分复杂的应用层专用网关
与 HTTP 集成	不支持，需要很复杂的转换
端到端通信	不支持，与不属于 TCP/IP 体系
地址标识	ZigBee 使用网内专用地址，地址为 16 位或者 64 位，地址有限，互联网主机无法访问
开放性	标准开放，协议栈不开源
可定制性	无法修改定制

续表

ZigBee	
产品认证	需要认证或者加入联盟
开发接口	ZigBee 专用接口
网络仿真	无相关仿真软件
开源支持	涉及版权问题，与 GPL 协议冲突，开源组织不支持 ZigBee

ZigBee 通信距离从标准的 75m 到几百米、几公里，并且支持无限扩展。其路由方式采用动态路由，网络中数据传输的路径并不是预先设定的，而是传输数据前，通过对网络当时可利用的所有路径进行搜索，分析它们的位置关系以及远近，然后选择其中的一条路径进行数据传输。ZigBee 路径的选择使用的是"梯度法"，即先选择路径最近的一条通道进行传输，如传不通，再使用另外一条稍远一点的通路进行传输，以此类推，直到数据送达目的地为止。

2. LoRa

远距离无线电（long range radio，LoRa）是一种基于扩频技术的低功耗长距离无线通信技术。LoRa 网络架构和协议栈如图 4-25 所示，LoRa 网架是星型拓扑机构，终端节点涉及整个系统的物理层、MAC 层和应用层，处于网络的底层，主要功能是负责采集应用所需的传感信息，或执行上层应用的指令。网关收集终端上送的信息，并做协议转换（TCP/IP），并将解调设备上发的射频信息，调制服务器下发的命令信息发送给终端。网络服务器负责进行 MAC 层处理，包括自适应速率选择、网关管理和选择、MAC 层模式加载等。网关与服务器通过标准 IP 连接，而终端设备采用单跳与一个或多个网关通信，所有的节点均是双向通信。应用服务器从网络服务器获取应用数据，完成应用状态展示和及时告警等。

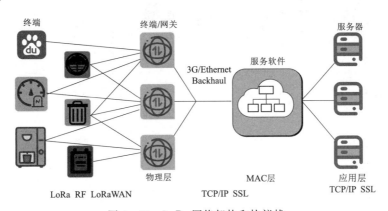

图 4-25 LoRa 网络架构和协议栈

相比于其他低功耗广域网技术，LoRa 在同等发射功率下能与网关/集中器进行更长距离的通信，实现了低功耗和远距离的统一；并且物理层利用扩频技术可以提高接收灵敏度，能够覆盖更广的范围终端与网关通信；可选用不同的扩频因子，以达到通信距离、信号强度、通信速度、消息发送时间与电池寿命、网关容量之间的最优化。LoRa 主要技术特点见表 4-6。

表 4-6	LoRa 主 要 技 术 特 点
LoRa	
物理层	IEEE 802.15.4g
工作频段	全球免费频段运行，包括 433、868、915 MHz 等
调制方式	是线性调制扩频（CSS）的一个变种，具有前向纠错（FEC）能力，Semtech 公司私有专利技术
容量	一个 LoRa 网关可以连接上千上万个 LoRa 节点
电池寿命	长达 10 年
安全	AES128 加密
传输速率	几十到几百 kbit/s，速率越低传输距离越长

4.4.4 典型应用场景及案例

1. 国网乐山电力输电工区 WAPI 无线专网建设案例

为提升无人机数据上传效率，国网乐山电力输电工区建设了基于 WAPI 专网的应用系统，系统架构如图 4-26 所示，由 WAPI 专网、物联专网以及信息内网三部分组成。WAPI 专网由室内型无线接入设备、WAPI 无线控制与认证系统组成，均部署在输电工区。平板终端通过 WAPI 无线控制与认证系统通过数字证书认证完成终端接入，并通过国密算法实现空口数据加密。再经乐山公司物联专网，在安全接入平台中完成数字认证后进入乐山地市公司信息内网，再至省公司内网与无人机管控平台完成互访。

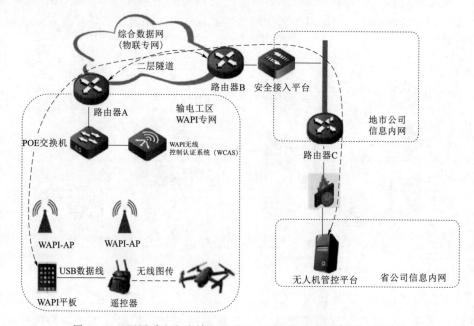

图 4-26 国网乐山电力输电工区基于 WAPI 专网的应用系统架构

对 WAPI 专网开展现场测试，12 张照片上传需要 1min50s，每张照片大小约为

8.7Mb，上传速率接近 1bit/s，网络的连通性和网络质量测试均满足要求。

2. 四川电力无线专网建设案例

2016 年四川电力建设无线专网试点项目，选择城区、郊区、山区三个不同场景搭建无线专网基站，每个基站同址安装 3 个不同厂家的 4 套设备（普天 LTE230、普天 LTE1800、信威 LTE1800 和中兴 LTE1800）承载配网自动化、用电信息采集、现场作业抢修等业务。系统总体架构如图 4－27 所示，无线基站首先将终端数据通过无线信道进行数据汇集，利用电力已有的光纤通信网络将数据回传到核心网，核心网将数据发送给电力业务主站。

试点进行了 LTE230 系统与 LTE1800 系统测试相关测试，系统技术指标见表 4－7，无线覆盖范围见表 4－8，数据传输速率见表 4－9。

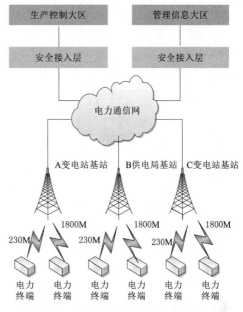

图 4－27　四川电力 LTE 系统总体架构

表 4－7　　　　　　　　LTE230 & LTE1800 系统测试技术指标

指标值	LTE230 系统	LTE1800 系统
工作频段	223.025M～235.000MHz	1790M～1795MHz
多址方式	OFDM 多址方式	OFDM 多址方式
双工方式	TDD 双工方式	TDD 双工方式
调制方式	QPSK、16QAM 和 64QAM	QPSK、16QAM 和 64QAM
基站系统射频信道带宽	离散 1MHz	5MHz
单小区吞吐量	峰值速率 1.76Mbit/s	6Mbit/s/UL、9Mbit/s/DL
单小区支持在线用户数	2000	1200
发射功率	6W	20W

表 4－8　　　　　　　　LTE230 & LTE1800 系统测试无线覆盖范围

频率	测试环境	天线挂高/m	最远覆盖/km
普天 LTE1800	RRU 发射功率 20W	36	8.56
普天 LTE230	RRU 发射功率 6W	40	11.18
普天 LTE1800	RRU 发射功率 20W	60	11.08
普天 LTE230	RRU 发射功率 6W	60	18.14
普天 LTE1800	RRU 发射功率 20W	30	4.44
普天 LTE230	RRU 发射功率 6W	30	12.01

表 4 - 9　　　　　　　　　　**LTE230 & LTE1800 系统测试数据传输率**

频率	测试环境	下行速率/(Mbit/s)	上行速率/(Mbit/s)
普天 LTE1800	RSRP：−73dBm，SNR：32dB	9.2	6.6
普天 LTE230	RSRP：−68dBm，SNR：25dB	0.55	1.72

注　LTE230 系统采用载波聚合技术后，使用单天线配置，在外场无线环境下，经测试 xt6M 带宽的单小区平均速率为 9.6Mbit/s，载波聚合效率即频谱利用率为 9.6/6=1.6。

3. LoRa 在避雷器状态在线监测应用

当前行业内对于避雷器计数器的在线监测一般采用有源有线的方式进行，存在时钟同步精度影响大、施工周期长、设备成本高、维护点位多等问题。

2020 年 10 月 14 日，德阳公司对香山智慧变电站内的 12 只避雷器计数器进行智慧化升级，如图 4 - 28 所示。将站内原有的 110kV 避雷器计数器替换为无源无线避雷器在线监测装置，该装置基于 LoRa 芯片研发，实现对避雷器的全电流、阻性电力、雷击次数及雷击时刻的全面跟踪，及时把握避雷器氧化锌受潮情况，防范雷击事故。

　　　　（a）部署位置　　　　　　　　　　　　（b）无源无线避雷器计数器

图 4 - 28　无源无线避雷器计数器实物安装

汇聚节点部署于户外，如图 4 - 29 所示，同时构建无线数据低功耗传输网，支持多种户外低功耗传感器数据传输，同时具备可扩展性，支持满足国网低功耗通信协议传感器的即插即用，灵活部署，快速完善站端物联感知维度。

图 4 - 29　汇聚节点安装位置

无源无线智能避雷器计数器通过满足输变电规约的微功率无线协议上传到汇聚节点，汇聚节点将业务数据通过低功耗无线组网上传到边缘物联代理，再通过 MQTT 技术接入安全接入网关，最后通过综合数据网回传到设备及通道环境状态感知系统、物联网管理平台以及输变电设备状态在线监测系统。网络架构图如图 4 - 30 所示。

对安装的无源无线智能避雷器计数器进行试运行，在雨天及大雾天，监测器指示普遍增大，红色发光管全部发亮，监测器的毫安表一直在正常范围内变化，

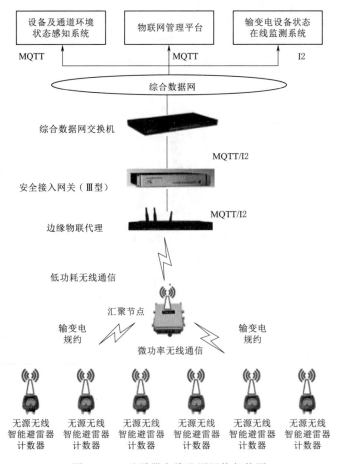

图 4-30 避雷器在线监测网络架构图

避雷器计数器硬件设施验证通过。在省公司物联网平台创建香山变电站的网关设备（即边缘物联代理），通过边缘物联代理周期采集各传感器数据并调用华为 SDK 往物联网平台传输数据，在省公司物联网平台，通过查看通信日志并查看通信数据并同现场数据进行比对，验证了数据传输的可靠性与准确性。

4. ZigBee 及 LoRa 在输配电测温的应用

对高压线路的导线及其附属金具进行温度检测在线监测，能够及时发现大负荷线路运行的温度变化异常状况，避免因长期过热状态下引发的电力事故。如图 4-31 所示，在青海省电力公司某高压输电线路，6～10 号输电杆塔上，分别安装输电线路线夹测温装置，采用接触式测温方式，即设备的温度采集传感器附着在高压导线上，温度传感器实时监测、采集线路导线极其附属连接金具、导线压接管的表面温度，传感器采集的温度气象数据通过 ZigBee 传输到汇聚节点，各汇聚节点通过 Lora 级联组网再到边缘物联代理经综合数据网实现数据回传，或通过 3G/4G 网络实时/定时发送给监控中心实现温度数据回传。业务部门可根据设备回传的导线温度等数据参数，根据线路的温度运行情况进行及时调控，确保线路运行安全。经过第三方实验室验证温度误差在传感器的技术规范范围内，同时在业务系统上查询温度数据与现场红外数据对比，温度误差在可接受范围内，验证可靠。

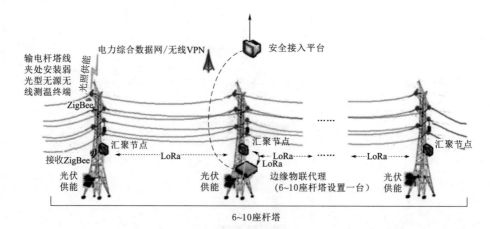

图 4 - 31　ZigBee 及 LoRa 在输电线路测温的应用架构图

第5章 电力通信接入网建设规划

随着时代的发展，电力行业对无线专网的需求日益增加。目前电网通信接入网系统业务需求爆发增长、公网安全性有待增加、光缆建设成本高、各专业分散建设。关于电力通信接入网建设规划，本章详细介绍了电力通信接入的网络规划和网络应用。网络规划从规划目标和规划原则两个方面进行介绍。规划目标在时代定义、创新变化和远景目标上诠释了电力通信接入网的全新定义，以及随着时代的不断发展提出的新目标、新方向、新格局。在规划原则中，主要从共建共享，技术选型，多约束条件多专业共享上进行介绍，并展示了两个不同电压等级的典型组网方案。网络应用主要介绍了电力通信接入网的运检目标和运检内容。其中运检目标着重介绍了运检的重要性。运检内容则分为有线网络运检工作和无线网络运检工作，并根据网络情况进行细分介绍。无线网络优化则从优化目标、触发条件、优化原则、优化工具、优化内容和优化评估六个方面，对网络优化的全过程进行逐步阐述。

5.1 电力通信接入网规划的必要性

安全、优质、高效、经济、清洁是电网发展的本质要求。以清洁能源为方向，大力推动各级电网安全发展、清洁发展、协调发展、智能发展，建设网架坚强、广泛互联、高度智能、开放互动的一流现代化电网，就需要大力推动"大、云、物、移、智、链"等先进信息通信技术、自动控制技术和人工智能技术在电网中的融合应用，实施发电、输电、变电、配电、用电、调度等各环节的建设与改造，以适应各类电源灵活接入、设备即插即用、用户互动服务等需求。"十四五"期间，电网建设规模和智能化水平将大幅提升，用电服务质量要求也不断提高，电网运营、用电服务、企业管理等正经历着历史性的变革，各级电网数据采集与控制以及用户信息交互等数据需求呈爆发性增长态势，无线接入和移动业务需求不断提升。电力接入网面临高质高效的接入形势，迫切要求其规划、建设和运行进一步提质增效，以适应各类新型业务的接入需求，全面支撑电网提质及建设发展。

1. 接入网架构层面

不同于以往电力通信接入网以 10kV 及 0.4kV 接入网为主要架构，"十四五"期间，智能电网呈现出能源互联、多能互补、高效互动、智能开放等特征，电力业务涵盖规划建设、生产运行、经营管理、综合服务、新业态发展、企业生态环境构建等各方面，电力终端接入从传统的配电、用电扩展到了输电、变电、配电、用电、储能等各个业务环节，业务终端部署位置也打破了固有的 10kV、0.4kV 电压等级划分界线（例如电网设备状态及环境监测、综合能源服务等业务，与配、用电网电压等级没有直接关系，同样需要终端接入及数据传输）。电力通信接入网可重新定义为由远程通信接入网、本地通信接入网组成，

73

其从业务场景需求所提炼出的业务数据属性以及适配的通信技术方式也更加丰富、选择也更加多元。

2. 管理模式层面

"十四五"期间，基于现场多业务、多场景的融合，电网公司研究提出了电力接入网"统建共享、按需接入、统一监测"的原则，以多业务部门协商、通信资源高效复用为出发点，进一步提升了接入网的覆盖广度、接入效率、扩展能力，提高了投资效益和资源利用率，以更加高效地支撑电网安全、优质、经济运行。

综上所述，电力通信接入网作为智能电网全业务泛在接入、高效互联的重要实现手段，科学合理地编制其建设规划是十分必要的。以规划为指导，建设技术先进、网架合理、覆盖全面、接入灵活、可靠性高、实用性好、综合效能高、绿色环保的电力通信接入网，既是实现电网公司管理信息化和现代化的必然要求，又是推动智能电网健康、有序发展的重要保证。

5.2　电力通信接入网规划建设原则

5.2.1　总体原则

电力通信接入网的建设与应用应满足电力业务发展需求，并与骨干通信网络协调发展，结合电网生产、管理现状及发展目标，以业务应用需求为导向，提出规划设计思路、原则与建设方案。

（1）统一规划，有序推进。电力通信接入网与骨干通信网应遵循"统一规划、远近结合，分步实施、技术多元、管理升级"的原则，统筹考虑全局和长远发展的要求，做到目标明确、远近结合，确保规划对电力通信接入网发展的指导作用。

（2）规划引领，提升能力。通过电力通信接入网与骨干通信网规划的科学制定，满足坚强智能电网建设和电网公司集约化、精益化、标准化管理的需要，提升各类终端业务智能化应用水平，引领电网末梢"最后一公里"的多种业务接入，提高通信保障能力。

（3）统筹多业务需求。电力通信接入网的规划建设应统筹考虑调度自动化、配电自动化、用电信息采集、分布式电源、电动汽车充电站（桩）等多业务的需求。制定长远合理的发展规划，为多种业务提供灵活便捷、安全可靠、经济高效的通信通道。

（4）前瞻性与经济性原则。电力通信接入网应采用先进、成熟、适用的通信技术，提供安全的数据传输通道，规划设计指标可适度超前。在满足电网安全性的前提下，结合终端分布密度、各类通信方式的设备资产全寿命周期来比选结果，避免与其他通信方式的重复建设和重复投资。

5.2.2　规划建设原则

"十四五"期间，电力接入网整体组网架构如图5-1所示，主要由远程通信接入网、本地通信接入网和网络管理系统组成。对于多专业各类电力业务场景，可根据业务与通信技术匹配计算结果，选择适合的接入通信技术；在系统平台侧，通过接入网网络管理系统对整个接入网运行状态进行监测。

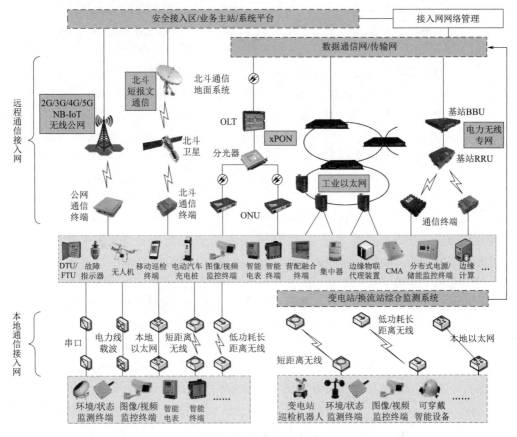

图 5-1 总体组网架构

"十四五"期间，按照专业部门划分并建设电力通信接入网的模式将发生变化。电力通信接入网的规划建设将遵循"统建共享、按需接入、统一监测"的原则，以提高网络整体服务效率和建设投资效益。

1. 统建共享

统建共享是指电力通信接入网不再由各专业部门分别独立投资建设和使用，而是在充分考虑各专业电力业务接入及通信需求的基础上，统一规划、设计和建设一张电力通信接入网，为各专业电力业务终端提供统一的接入及通信服务。

随着智能电网建设发展和电网公司数字化转型的深入进行，其对终端感知、数据贯通、资源高效利用等方面提出了更高的要求。传统的由各专业部门分别建设电力通信接入网的方式存在网络建设投资效益低、业务数据共享度差等问题。例如，配变终端与集中器都安装在配电变压器侧，如果为运检专业和营销专业分别建设不同的接入网络，则网络投资重复，且同一现场不同专业的传感设备、采集数据、计算和通信资源等均无法实现充分的共享共用。因此，需要在规划层面统一设计，建设一张全专业共享的电力通信接入网，将各类业务终端统一接入，在数据、通道层面打破专业壁垒，从而实现跨专业的数据贯通、提高数据共享性、通信资源利用率，减少建设及运维成本，提高管理质效。

2. 按需接入

按需接入是指加强技术统筹，提出不同终端通信场景的适配性接入技术方案，探索打造专网、公网、有线、无线融会贯通的电力通信接入网，以实现各类终端灵活、方便且安全的接入。

由本书前面章节介绍的电网业务通信需求和电力通信接入技术分析可知，接入网的各类业务不能由单一的通信技术来统一承载，业务"基本属性""功能属性""附加属性"的差异化导致即使是同一种业务在不同部署条件下也可能选择不同的通信接入技术。

如图 5-2 所示，各类业务末端设备（如传感器、智能终端等）的数据流在接入网承载传输的过程中，经过了两次数据汇聚——边缘物理代理或集中设备汇聚、骨干网入口或业务系统平台汇聚。其中第一次业务汇聚对应本地通信接入网，第二次业务汇聚对应远程通信接入网。

（1）在本地通信接入网方面：终端电力业务通过本地通信接入网统一接入边缘物联代理装置或汇聚设备。因此，通过对边缘物联代理装置或汇聚设备通信技术进行选择、定义、规范，可对末端设备形成本地通信接入网通道共享。具体来说，一个边缘物联代理设备或汇聚装置具备多种规范的本地通信接口，业务终端选择适合的本地通信技术手段进行标准化接入，而不必对业务终端的本地通信技术方式进行严格的局限。

（2）在远程通信接入网方面：主要通信技术包括光纤专网、电力无线专网、无线公网、卫星通信（如北斗短报文）等。其中光纤专网、无线公网已经形成广域覆盖，并已接入多种业务终端；电力无线专网在已经建设覆盖的区域，已承载配电自动化、用电信息采集等业务；卫星通信作为补充远程通信技术，也能够承载部分业务。因此，远程通信接入网已基本形成接入通道共享，在满足时延、安全性、可靠性等需求下，能够选择合适的远程通信技术，为各类业务提供通用接入手段。

综上，基于不同终端业务接入场景的数据属性、通信指标等要求开展通信接入技术适配，提出不同场景下多技术融合组网的终端通信解决方案，是电力通信接入网规划的重中之重。

3. 统一监测

统一监测是指将整个电力通信接入网，包括远程通信接入网和本地通信接入网的网络参数、运行状态等在平台层进行统一采集、分析和监测，以便更好地保障通信网络服务质量。

目前，电网公司已着力开展电力通信接入网管理系统（简称"接入网管系统"）的研发建设，以实现对接入网通信设备的规范化、统一化、全覆盖化的监视与管理，提升了数据处理与存储能力，方便集中式运维与分析。系统主要功能包括采集管理、实时监视、资源管理、运行统计分析等基础功能，以及综合监视、运行管理、指标管理及系统管理等深化应用功能。

针对远程通信接入网，接入网管系统主要实现对光纤专网、电力无线专网和无线公网的管理。其中对光纤专网主要管控 EPON 终端（OLT 设备、ONU 设备、分光器等）和工业以太网终端设备（工业以太网交换机）；对电力无线专网主要管控核心网、基站、BBU、RRU、天线、直放站、CPE 等；对无线公网主要管控的终端设备类型包括 SIM 卡、物联卡等。

相对于远程通信接入网，本地通信接入网中的通信设备主要以通信模块的形式出现，不再独立于业务设备，多是与业务终端本体集成。因此，结合"十四五"电力通信接入网统一接入的目标，同时考虑到终端对本地通信参数上报在处理器开销、功耗、网络资源占用等方面的限制，建议接入网管系统针对本地通信接入网适当增加准实时监视、资源管理等相关功能。其中准实时监视的内容包括本地通信网络拓扑、故障告警等，在设备及通信处理资源空闲的情况下，可采集通信参数（时延、带宽等）；资源管理的内容包括汇聚点设备（如边缘物联代理、集中器等）可接入最大容量及当前余量、通信设备管理（增加、删除、修改、替换等）、远程在线升级等。

5.3 电力通信接入网技术选型推荐方案

5.3.1 远程通信接入网技术选型推荐方案

在远程通信接入网技术方面，可选择光纤专网、电力无线专网、无线公网、卫星通信等方式。其中光纤专网宜选择 xPON 或工业以太网技术体制，其具有容量大、传输速率高、时延低、可靠性高、安全性好等特点，能够满足除移动类业务外绝大部分的业务通信需求；电力无线专网具有覆盖广、容量大、时延低、可靠性高、扩展性高的特点，也能够满足绝大部分业务的通信接入需求，应综合考虑国家无线电管理频率政策、电网公司技术政策和建设成本选择使用；无线公网在当前大规模应用场景下宜选择 4G 技术体制，待 5G 技术在安全、时延、可靠性等指标经过电网试点验证后，可综合考虑其经济性、技术性、网络演进等因素选择使用；卫星通信仅作为特殊情况下（如应急抢险、无人或偏远地区）的接入网补充通信手段。

对于采集/感知类业务，如用电信息采集、杆塔微气象监测、电动汽车充电桩等，主要采用无线公网、电力无线专网，在没有移动性要求且建设成本可承受的情况下可采用光纤专网、北斗短报文作为补充通信手段。对于控制/动作类业务，如配电自动化"三遥"、精准负荷控制等，宜采用光纤专网和电力无线专网。对于语音/视频/图像类业务，如输电线路视频监控、无人机视频回传等，主要采用无线公网，在不影响其他重要业务带宽的情况下可采用电力无线专网，在没有移动性需求的情况下可复用已建设的光纤专网。

在通道安全性方面，远程通信接入网承载的生产控制大区业务与管理信息大区业务之间应横向物理隔离。

5.3.2 本地通信接入网技术选型推荐方案

在本地通信接入网技术方面，可选择电力线载波（包括载波＋无线双模）、短距离无线（如微功率无线、ZigBee、WiFi、蓝牙 5.0、LTE-U 等）、低功耗长距离无线（如 LoRa 等）、串口（如 RS232、RS485 等）、本地以太网等。

电力线载波（含双模）通信主要应用于小颗粒、中颗粒的局域业务场景，如配电环境采集、台区设备状态监测等。短距离无线通信主要应用于局域业务场景，如智能电表集抄、移动巡检视频等。低功耗长距离无线通信主要应用于小颗粒、分钟级的广域业务场景，如输电线路状态监测、变电站设备监测等。串口通信主要应用于小颗粒、中颗粒的局域业务场景，如传感器数据传输、电能信息集采等。本地以太网通信主要应用于百毫秒级及以上的局域业务场景，如视频监控等。

在通道安全性方面，对于安全性需求较高的业务，本地通信接入网不推荐采用广播（或组播）的通信方式。

5.4　电力通信接入网技术多约束条件下的最优匹配方法

不同电力业务接入场景对通信指标的要求不尽相同。多约束条件下的最优匹配，即是指统筹分析业务数据的"基本属性"、业务场景的"功能属性"和业务应用的"附加属性"，将业务属性和通信技术指标进行匹配，再将复杂的多维度匹配问题分解成各个元素的组合关系，通过定性和定量相结合的方法，由"粗选"到"精选"再到"优选"逐步递进，实现针对不同业务场景通信技术匹配的科学、快速指导。

5.4.1　基于业务数据"基本属性"的技术匹配

多约束条件下最优匹配方法的第一步是进行通信技术的"粗选"，将业务数据的"基本属性"与通信技术进行定性匹配。业务数据"基本属性"与通信技术匹配结果见表 5-1。

表 5-1　　　　　　　　业务数据"基本属性"与通信技术匹配结果

业务数据属性	属性分档	匹配（粗选）通信技术（排名不分先后）	
		本地通信接入网	远程通信接入网
带宽	小颗粒	（1）串口； （2）载波（含双模）； （3）本地以太网； （4）短距离无线； （5）长距离低功耗无线	（1）光纤； （2）无线公网； （3）无线专网； （4）北斗短报文
	中颗粒	（1）串口； （2）载波（含双模）； （3）本地以太网； （4）短距离无线	（1）光纤； （2）无线公网； （3）无线专网
	大颗粒	（1）载波（宽带）； （2）本地以太网； （3）短距离无线	（1）光纤； （2）无线公网； （3）无线专网
	宽颗粒	（1）本地以太网； （2）短距离无线	（1）光纤； （2）无线公网； （3）无线专网

续表

业务数据属性	属性分档	匹配（粗选）通信技术（排名不分先后）	
		本地通信接入网	远程通信接入网
时延	毫秒级	（1）串口； （2）载波（含双模）； （3）短距离无线	（1）光纤； （2）无线专网
	百毫秒级	（1）串口； （2）载波（含双模）； （3）本地以太网； （4）短距离无线	（1）光纤； （2）无线公网； （3）无线专网
	秒级	（1）串口； （2）载波（含双模）； （3）本地以太网； （4）短距离无线	（1）光纤； （2）无线公网； （3）无线专网
	分钟级	（1）串口； （2）载波（含双模）； （3）本地以太网； （4）短距离无线； （5）长距离低功耗无线	（1）光纤； （2）无线公网； （3）无线专网； （4）北斗短报文
可靠性	高可靠	（1）串口； （2）载波（含双模）； （3）本地以太网； （4）长距离低功耗无线	（1）光纤； （2）无线专网
	一般可靠	（1）串口； （2）载波（含双模）； （3）本地以太网； （4）短距离无线； （5）长距离低功耗无线	（1）光纤； （2）无线公网； （3）无线专网； （4）北斗短报文
容量	小容量	（1）串口； （2）载波（含双模）； （3）本地以太网； （4）短距离无线； （5）长距离低功耗无线	（1）光纤； （2）无线公网； （3）无线专网； （4）北斗短报文
	大容量	（1）载波（含双模）； （2）本地以太网； （3）短距离无线； （4）长距离低功耗无线	（1）光纤； （2）无线公网； （3）无线专网； （4）北斗短报文
覆盖范围	局域	（1）串口； （2）载波（含双模）； （3）本地以太网； （4）短距离无线； （5）长距离低功耗无线	（1）光纤； （2）无线公网； （3）无线专网； （4）北斗短报文

续表

业务数据属性	属性分档	匹配（粗选）通信技术（排名不分先后）	
		本地通信接入网	远程通信接入网
覆盖范围	广域	（1）本地以太网； （2）长距离低功耗无线	（1）光纤； （2）无线公网； （3）无线专网； （4）北斗短报文
安全性	逻辑隔离	（1）串口； （2）载波（含双模）； （3）本地以太网； （4）短距离无线； （5）长距离低功耗无线	（1）光纤； （2）无线公网； （3）无线专网； （4）北斗短报文
	物理隔离	（1）串口； （2）本地以太网； （3）短距离无线； （4）长距离低功耗无线	（1）光纤； （2）无线专网

由表 5-1 可见，对于每一个具体的"基本属性"，都能够匹配到多种本地和远程通信技术。

5.4.2　基于业务场景"功能属性"的技术匹配

多约束条件下最优匹配方法的第二步是进行通信技术的"精选"，即是在第一步"粗选"的基础上，结合业务场景的"功能属性"，进一步约束技术匹配结果。

结合电力业务场景特征，将"功能属性"分为下面三大类。

（1）采集/感知：主要是指业务末端状态感知、数据采集类业务，对通信指标要求不敏感。

（2）动作/控制：主要是指关键的控制类业务，对通信可靠性、安全性要求较高。

（3）语音/视频/图像：主要是指语音、视频、图像数据的实时传输，对通信带宽和时延要求较高。

业务场景"功能属性"与通信技术匹配结果见表 5-2。

表 5-2　　　　　　　　　业务场景"功能属性"与通信技术匹配结果

大类	"基本属性"组合	匹配（精选）通信技术（排名不分先后）		典型业务场景
		本地通信	远程通信	
采集/感知	（1）带宽：小； （2）时延：分钟级； （3）可靠性：低； （4）容量：大； （5）覆盖：局域； （6）安全：逻辑	（1）载波（含双模）； （2）本地以太网； （3）短距离无线； （4）长距离低功耗无线	（1）光纤； （2）无线公网； （3）无线专网； （4）北斗短报文	环境量、设备状态量、电气量采集（一般场景）

续表

大类	"基本属性"组合	匹配（精选）通信技术（排名不分先后）		典型业务场景
		本地通信	远程通信	
采集/感知	(1) 带宽：小； (2) 时延：分钟级； (3) 可靠性：低； (4) 容量：多； (5) 覆盖：广域； (6) 安全：逻辑	(1) 本地以太网； (2) 长距离低功耗无线	(1) 光纤； (2) 无线公网； (3) 无线专网； (4) 北斗短报文	环境量、设备状态量、电气量（线路、线缆长距离本地通信场景）
	(1) 带宽：大； (2) 时延：秒级； (3) 可靠性：低； (4) 容量：小； (5) 覆盖：广域； (6) 安全：逻辑	短距离无线	(1) 无线公网； (2) 无线专网	移动巡检（不含视频/图像/语言），需考虑移动性
	(1) 带宽：大； (2) 时延：秒级； (3) 可靠性：低； (4) 容量：大； (5) 覆盖：局域； (6) 安全：逻辑	(1) 载波（宽带）； (2) 本地以太网； (3) 短距离无线	(1) 光纤； (2) 无线公网； (3) 无线专网	新兴业务高速采集场景
动作/控制	(1) 带宽：中； (2) 时延：毫秒级； (3) 可靠性：高； (4) 容量：少； (5) 覆盖：局域； (6) 安全：物理	(1) 串口； (2) 本地以太网	(1) 光纤； (2) 无线专网	毫秒级精控
	(1) 带宽：小； (2) 时延：秒级； (3) 可靠性：高； (4) 容量：少； (5) 覆盖：局域； (6) 安全：物理	(1) 串口； (2) 本地以太网	(1) 光纤； (2) 无线专网	三遥控制，分布式电源及储能投切控制
	(1) 带宽：小； (2) 时延：秒级； (3) 可靠性：高； (4) 容量：大； (5) 覆盖：局域； (6) 安全：物理	(1) 串口； (2) 本地以太网； (3) 短距离无线； (4) 长距离低功耗无线	(1) 光纤； (2) 无线专网	遥信变位、告警信息等上报

续表

大类	"基本属性"组合	匹配（精选）通信技术（排名不分先后）		典型业务场景
		本地通信	远程通信	
语音/视频/图像	(1) 带宽：宽； (2) 时延：百毫秒级； (3) 可靠性：低； (4) 容量：少； (5) 覆盖：局域； (6) 安全：逻辑	(1) 本地以太网； (2) 短距离无线	(1) 光纤； (2) 无线公网； (3) 无线专网	固定监控视频
	(1) 带宽：宽； (2) 时延：百毫秒级； (3) 可靠性：低； (4) 容量：少； (5) 覆盖：局域； (6) 安全：逻辑	短距离无线	(1) 无线公网； (2) 无线专网	移动巡检视频，考虑移动需求
	(1) 带宽：大； (2) 时延：秒级； (3) 可靠性：低； (4) 容量：少； (5) 覆盖：局域； (6) 安全：逻辑	(1) 载波（宽带）； (2) 本地以太网； (3) 短距离无线	(1) 光纤； (2) 无线公网； (3) 无线专网	图像采集
	(1) 带宽：中； (2) 时延：百毫秒级； (3) 可靠性：高； (4) 容量：少； (5) 覆盖：局域； (6) 安全：逻辑	短距离无线	(1) 无线公网； (2) 无线专网	语音，考虑移动需求

　　由表 5-2 可见，所有典型电力业务场景均可根据"功能属性"匹配到相较"基本属性"更为准确的通信接入技术。

5.4.3　基于业务应用"附加属性"的技术匹配

　　多约束条件下最优匹配方法的第三步是进行通信技术的"优选"，即是在第二步"精选"的基础上，结合业务应用的"附加属性"，针对同一业务场景在不同地区应用落地的具体情况，为业务应用提供推荐（或者优先选择）的通信技术。

　　业务应用"附加属性"包括经济指标和产业指标两大类。

　　经济指标包括三个细分指标：

　　（1）产品成本：单个通信终端（或模组）分摊的采购成本。

　　（2）施工成本：单个通信终端（或模组）分摊的建设成本，并适当考虑施工的难度。例如，在市中心敷设地埋光缆的施工难度应列入施工成本考虑。

（3）运维成本：单个通信终端（或模组）分摊的运维成本。此处，还应考虑电池供电对通信功耗的需求，更换电池的复杂度也应列入运维成本考虑。

产业指标包括四个细分指标。

（1）产品国产化：设备及技术国产化程度。

（2）产品制造：设备生产厂商的数量，产业链成熟度。

（3）产品设计：生产厂商自主设计能力，是否能够根据电力业务应用情况和实际需求进行通信技术和设备升级改造。

（4）产品服务：设备厂商售后服务能力和持续性，技术的可升级性和兼容性。

由此可见业务应用"附加属性"的经济指标和产业指标与实际工程设计、建设及运行环境等有直接关系，而且在不同的应用环境中，各个细分指标对通信技术选择的影响力也各不相同。因此，可利用层次分析法（AHP）来建立匹配度评价指标体系模型，确定各项指标（包括业务"基本属性""功能属性""附加属性"中各个指标项）对匹配度评价的影响程度。

1. 远程通信接入网典型业务

按照层次分析法进行分析，远程通信接入网典型业务技术选型参考见表 5-3。

表 5-3　　　　　　　**各业务远程通信接入网技术选型参考**

业务类型		远程通信接入网
配电自动化	"三遥"	优先采用光纤专网，在"三遥"业务覆盖密度低的区域，可根据频率政策及建设成本选用电力无线专网
	"二遥"	考虑经济性、建设成本和频率政策，可选用光纤专网、电力线载波、电力无线专网、无线公网
精准负荷控制		毫秒级精控优先采用光纤专网，可采用电力无线专网；分钟级精控优先采用电力无线专网，可采用光纤专网
用电信息采集		优先采用无线公网，可采用电力无线专网
分布式电源及储能		优先采用光纤专网，可采用电力无线专网；若只有采集业务，宜选用无线公网
输电线路在线监测		优先采用无线公网、电力无线专网，可采用光纤专网接入就近变电站
电缆隧道环境监测		优先采用光纤专网，可采用电力无线专网、无线公网
配电环境及状态监测		优先采用无线公网，可采用电力无线专网、光纤专网
变电站/换流站综合监测		数据在变电站/换流站机房汇聚后，直接经数据通信网上传，不涉及远程通信接入网
电动汽车充电站		优先采用光纤专网，可采用电力无线专网、无线公网
电动汽车充电桩		优先采用无线公网，可采用电力无线专网
智能巡检		可采用无线公网、电力无线专网
综合能源服务		可采用无线公网、电力无线专网

几类典型业务的远程通信接入技术分析：

（1）配电自动化业务接入：配电终端通过光纤专网、电力无线专网、无线公网接入，经地市级骨干通信网与配电主站通信。配电终端采用单向认证方式，在采用电力无线专网和无线公网时，应通过安全接入区与配电自动化系统交互。

A＋类供电区域以配电自动化"三遥"业务为主，优先采用光纤通信，可根据频率政策及建设成本选用电力无线专网；A 类供电区域包括"三遥""二遥"业务，应灵活选择光纤专网、电力无线专网、无线公网；B、C、D、E 类供电区域基本为"二遥"业务，考虑网络建设经济成本因素，宜采用无线公网承载为主、其他通信方式为辅的方式。

（2）用电信息采集业务接入：集中抄表终端采用各种通信技术均能满足现阶段要求，考虑建设成本等因素，优先采用无线公网，也可采用电力无线专网。

（3）分布式电源及储能业务接入：分布式电源涉及配电自动化和用电信息采集两种业务。前者涉及中电压等级，由调度部门管理，后者涉及低电压等级，由营销部门管理。分布式能源关口计量终端采集业务宜采用无线公网；接入 35/10kV 电压等级的分布式电源监控终端，优先采用光纤专网，也可采用电力无线专网。

（4）电动汽车充电站（桩）业务接入：集中充电站宜采用光纤专网就近接入电力通信传输网络；充电桩无电力自建通信资源时，宜采用无线公网接入。

2. 本地通信接入网典型业务

按照层次分析法进行分析，本地通信接入网典型业务技术选型参考见表 5－4。

表 5－4　　　　　　　　　各业务本地通信接入网技术选型参考

业务类型	本地通信接入网
一般场景感知采集	优先采用串口通信技术和短距离无线通信技术，可采用载波通信技术和低功耗长距离无线通信技术
线路、线缆感知采集	优先选择低功耗长距离通信技术，在环境条件允许下也可选择串口通信技术和短距离无线通信技术
一般移动巡检采集	优先采用短距离无线通信技术
新兴业务高速感知采集	优先选择短距离无线通信技术，根据实际部署环境情况，也可选择本地以太网通信技术、载波通信技术、低功耗长距离通信技术、串口通信技术
分钟级精控	优先采用串口通信技术和本地以太网通信技术，可选择短距离无线通信技术和载波通信技术
一般控制	优先选择串口通信技术、本地以太网通信技术和短距离无线通信技术，可选择载波通信技术
告警信息上报	优先采用短距离无线通信技术、串口通信技术以及本地以太网通信技术，可采用载波通信技术
固定视频采集	优先选择本地以太网通信技术，可选择短距离无线通信技术
移动视频采集	考虑无人机、变电站巡检机器人移动需求，移动巡检业务本地通信技术优先选择短距离无线通信技术
图像采集	优先选择短距离无线通信技术和本地以太网通信技术
语音采集	考虑移动性需求的情况下，本地通信技术优先采用短距离无线通信技术；在没有移动性要求下，可选择本地以太网通信技术

5.5 电力通信接入网规划的典型组网方案

5.5.1 不同供电区域的典型组网方案

1. A+、A 类供电区域典型组网方案

此区域为控制类业务集中分布且并发量较大的重要区域，配电自动化、负荷控制、分布式电源监控、智能营业厅等业务集中分布，网络带宽需求较大，对传输时延和可靠性要求较高，技术指标要求优先于成本指标。此类区域优先采用光纤专网，若建设有电力无线专网可作为光纤专网的补充，对于电力资源无法实现覆盖的区域可采用无线公网进行业务承载。

2. B、C 类供电区域典型组网方案

此区域为控制类业务分散分布的一般区域，区域内配电自动化、用电信息采集、负荷控制、分布式电源监控、智能营业厅等业务分散分布，网络带宽需求较大，对传输时延和可靠性要求较高。重点区域建设光纤专网，具备条件的可建设电力无线专网，对于电力资源无法实现覆盖的区域可采用无线公网。

3. D、E 类供电区域典型组网方案

此类区域主要以非控制类业务为主，对通信网络的实时性、安全性要求相对较低，考虑网络建设经济成本因素，宜采用无线公网。

综上所述，应根据区域经济和电网发展现状、业务实际需求以及已建网络情况，因地制宜采用光纤专网、电力无线专网、无线公网等多种通信技术混合组网并进行集成整合，形成统一的电力通信接入平台。

5.5.2 典型设备部署方案

1. EPON 设备

EPON 设备部署方式依赖于终端通信接入网架构。

OLT 宜集中安装在变电站、开关站、配电室中，设备宜采用站用一体化电源，双路供电。为考虑升级扩容，EPON 系统设计时应保留光功率裕量，OLT 设备应预留一定的端口备用。

ONU 宜安装在 10kV 配电站，与配电终端宜安装在同一机箱（柜）内，但应保持相对独立，采用同一设备电源进行供电；对于架空线路上柱上开关的配电自动化通信设备宜进行独立安装。

POS（光分路器）宜安装在光缆交接箱、光纤配线架、光纤接头盒中，或随 ONU 集中部署。POS 宜选用星形、链形等接入形式灵活组网，采用星形组网方式时分光级数一般不宜超过 3 级，采用链形组网方式时分光级数一般不宜超过 8 级。其中，A+、A 类供电区域 EPON 系统宜采用双 PON 口保护组网方式，满足配电自动化"三遥"等业务的高可靠性要求，可采用手拉手或环形组网；B、C 类供电区域可依据应用场景和可靠性重要程度不同，采用链型、环型、星型或手拉手拓扑组网。

2. 工业以太网设备

工业以太网设备部署方式依赖于终端通信接入网架构。

工业以太网交换机布放在开关站、环网柜、箱变等位置，并通过以太网接口和配电终端连接；上联节点的汇聚型工业以太网交换机一般配置在变电站内，负责收集环上所有通信终端的业务数据，并接入地市级骨干通信网。

工业以太网可采用环型和链型组网结构，环形组网结构可以实现冗余保护，提升配网业务传输可靠性，适用于节点数超过 8 个的应用场景，但同一环内节点数目不宜超过 20 个；链式组网结构适用于难以形成环网的应用场景。

3. 电力无线专网设备

电力无线专网组网方式采用一点对多点的星型组网方式以实现区域性覆盖，无线专网通信终端通过 FE 口与配电终端相连，并与部署于供电所、营业厅等电力自有物业的 RRU 和 BBU 相连，经骨干传输网、核心网与业务系统主站进行信息交互。

第6章　电力通信接入网运维

随着电网的快速发展，电力通信接入网也在加速扩张。与此同时，接入网中各种各样的问题也不断涌现。电力通信接入网为配电自动化系统提供各类运行数据的传输通道，是配电自动化运行的基石，直接关系着整个配电自动化的运行可靠性。因此，电力通信接入网的运维变得尤为重要。电力通信接入网运维主要包含有线和无线两部分，其中有线部分主要是基于 EPON 的光纤专网，无线部分主要是电力无线专网。本章节将对电力通信接入网运维中存在的问题、运维模式等问题做分析，针对光纤专网和无线专网两部分的运维要点、故障处理方法、安全注意事项等做简要介绍，并通过一些运维典型案例对相关内容进行讨论分析。

6.1　电力通信接入网运维分析

6.1.1　运维中存在的问题

伴随着电力通信接入网的快速发展，电力通信接入网运维业务成为通信专业面临的不可避免的问题。就目前来看，受限于标准、技术、品牌、管理等多方面的原因，电力通信接入网运维还存在以下问题：

（1）运维技术标准不统一。早期接入网建设规划缺乏足够的指导，各地区单位采用的技术方式、建设规模、厂家品牌、接入的电网业务均不尽相同，运维涉及的技术要求、设备参数、运维范围、流程等均没有标准，导致各单位运维效率低下，对接入网业务的支撑保障能力不足。

（2）运维人员不足。电力通信接入网的运维点多面广，设备稳定性水平较骨干网还有较大的差距，运维需要大量的人力物力支撑，而目前电网未加强通信接入网运维方面岗位和人员配置。

（3）职责分工不明确。电力通信接入网涉及电力调度、营销、运检、应急等多方面的业务，通信设备与电网设备深度融合、密集接入，职责界面不清晰会造成运维过程中各相关部门间互相推诿，协调难度大等问题，极其不利于运维效率的提升和业务保障水平的提高。

（4）运维成本管理水平不高。受限于建设范围、采用的技术、设备品牌等多方面的原因，通信接入网的运维费用缺乏统一的管理指导，主要体现在费用组成、定价标准等方面，各单位缺乏专项运维费用，运维成本管理无指导性的标准。

6.1.2　运维模式分析

电力通信接入网是电力通信网的重要组成部分，是骨干通信网的延伸。其支撑的主要业务有配电自动化、用电信息采集、智能小区、智能楼宇、智能汽车充电站和充电桩等。与骨干网相比，接入网业务具有通信终端节点数量大、通信节点分散、通信距离短、节点通信数据量小、受配电网扩容和城建影响大等特点。同时，许多配电自动化的通信装置安装在户外，要适应苛刻的运行条件，必须具有很高的可靠性。随着接入网设备规模不断增长，电网通信运维人员力量不足的问题越发凸显，为了进一步提升运维工作的有效性，结合电力通信接入网运维实际，对电力接入网运维模式提出以下一些设想。

（1）统一的数据和接口标准。电力通信接入网通信方式多样，涉及的设备品牌、接口、终端类别繁多，管理难度很大，因此要实现精益化的网络管理，数据和接口的标准统一是前提条件。

（2）一体化的智能运维管理平台。电力通信接入网存在技术体制多样、网络形态复杂、厂商网管众多、运维人员少、缺少主动运维工具支持等问题，要提升运维质效，必须要有一个一体化的智能运维管理平台，实现对接入网侧 EPON、工业以太网、无线专网、无线公网、电力线载波 PLC 五种技术体制，多厂商网管的标准化接入，对接入网通信设备的全业务资源管理、运行状态监控、故障问题的定位，从而实现精准运维，节省人力物力，提升运维水平。

（3）自主与外委结合的运维方式。电力通信接入网终端设备分布范围广、种类杂、数量多，基于这个现状，接入网运维完全依靠本单位运维人员自主开展是不现实的，因此，接入网运维必须坚持自主和外委结合的方式，即核心网络自主运维，非核心业务运维外包的运维方式符合现阶段接入网的运维工作现状。

（4）标准化和差异化共存的运维管理。受接入的业务、覆盖的范围、地理环境、网络建设难易程度、运维人员技术水平等多因素影响，各地区接入网采用的技术、网络结构、接入终端量等均有很大的区别，如果盲目要求完全的标准化，会制约运维水平的提升。因此，接入网运维也要因地制宜，因势制宜，采取总体标准化、部分差异的运维管理。

6.2　基于 EPON 的光纤专网运维

6.2.1　运维内容

1. 接入网光缆运维

（1）巡视周期：随一次线路架设或同走廊敷设的光缆线路巡视周期同一次线路的巡视周期一致。独立通信走廊光缆线路的巡视周期不应低于一次线路巡视周期。

（2）巡检内容：光缆线路走廊是否有施工作业的新痕迹，线路走廊是否存在火灾隐患或其他异常情况；光缆安全警示标志和光缆标识是否醒目，是否存在破损、丢失；光缆接续盒密封是否完备、无受损，且与光缆结合良好，必要时应对安装光缆接续盒的杆路登杆检查；电缆沟、电缆室出入处、机房出入处、机柜底座的孔洞防小动物的封堵措施是否完备无受损。接入网光缆的巡视内容还应遵循《电力系统光纤通信运行管理规程》（DL/T 547—2020）中光缆巡视的相关要求。

（3）定期测试：光缆线路应定期进行备纤测试，定期测试周期为每年一次。光纤特性测试主要测试项目为光纤线路衰减，测量时应使用光时域反射仪或光源、光功率计。测试时光纤应进行双向测量，测试值取双向测量的平均值，光纤线路衰减的测试值应在工程设计的允许范围内，如果发现异常，应进一步分析并查找原因。光缆线路的运行环境及运行状态发生改变后，应重新组织测试工作。

2. 接入网设备运维

（1）巡视周期：各单位应结合自身条件开展设备定期巡视和检测，ONU、二层交换机、无线终端（CPE）等安装在业务终端侧的通信设备日常巡视应结合业务终端巡视周期开展。

（2）巡检内容：设备外观是否整洁，光接口是否有防尘处理；设备电源、板卡、风扇等运行状态是否正常；机柜、设备箱、尾纤、以太网线和电源线等标签标识是否醒目，是否存在破损、丢失。设备巡视表见表 6-1。

表 6-1 设备巡视表

序号	设备	分项	周期	检查/测试方式	维 护 要 求
1	OLT/BBU/路由器/三层交换机	设备运行状态现场检查	季	现场巡检	1. 查看设备电源状态，电源指示灯是否正常； 2. 查看设备各板卡运行状态； 3. 查看设备风扇状态
2		设备卫生清洁	季	使用设备及光接口规定的清洁工具（如棉质抹布、毛刷、酒精棉球等）	1. 设备外观应无明显灰尘； 2. 未用光接口应用塞子塞住； 3. 不能存在因灰尘等原因导致的设备温度升高等情况
3		设备标签检查	半年	现场巡检	1. 设备接地牌标签符合规范，纤芯标签符合规范，端口标签符合规范； 2. 标签粘贴牢固，无脱落，字迹清晰，标签内容完整、准确
4	NU/CPE	设备运行状态现场检查	半年	现场巡检	各板卡工作指示灯（RUN）正常，无告警，设备表面清洁，无积灰。风扇工作正常，无损坏
5		设备标签检查	半年	现场巡检	1. 设备接地牌标签符合规范，纤芯标签符合规范，端口标签符合规范； 2. 标签粘贴牢固，无脱落，字迹清晰，标签内容完整、准确
6		电源检查	半年	现场巡检	额定电压符合规范，表计正常。空开线端接触良好，螺丝紧固，无温升
7	跳纤、交接箱/分纤盒	设备标签检查	年	现场巡检	1. 纤芯标签符合规范，端口标签符合规范； 2. 标签粘贴牢固，无脱落，字迹清晰，标签内容完整、准确
8		跳纤及光纤插座清洗	年	现场巡检	跳纤标识清楚、准确。光纤插座无污损
9		箱体清洁，门锁检查，内部装置及接地检查	半年	现场巡检	光交箱体外观清洁，标识清楚准确，门锁完好率不小于 98%，接地完好
10		冷接子固定、法兰盘检测检修	年	现场巡检	结合现场维护，测试冷接子衰耗不大于 0.15dB/芯，法兰盘衰耗不大于 0.5dB/个

续表

序号	设备	分　项	周期	检查/测试方式	维　护　要　求
11	分光器	检查器件固定	年	现场巡检	检查分光器是否破损，安装是否牢固
12		设备标签检查	半年	现场巡检	1. 纤芯标签符合规范，端口标签符合规范； 2. 标签粘贴牢固，无脱落，字迹清晰，标签内容完整、准确

3. 接入网网管运维

（1）巡视周期：接入网应具备 7×24h 监控手段，各单位应定期对网络运行情况进行巡视，巡视周期不应小于 1 天 1 次。

（2）巡检内容：应用程序运行情况及磁盘空间情况；CPU 及内存负荷情况；异常告警、事件告警，并及时处理；网络拓扑和配置管理进程的执行情况，及时发现网管系统中关于网络配置的信息和网络实际配置情况的差异；重要服务主机双机热备可用性；各类网管、网元数据配置、备份、检查等作业应有专人负责，定期检查，应保证及时对配置数据进行更新，以及时反映网络的最新信息。

网管巡视表见表 6-2。

表 6-2　　　　　　　　　　网　管　巡　视　表

序号	项目	分　项	周期	检查/测试方式	巡　视　要　求
1	网管巡视、定期测试	OLT PON 口资源占用情况	年	在网管上查看	统计 PON 总数、未用 PON 数以及已用 PON 数
2		核对 ONU 可用端口资源，动态更新	数据变更时	网管查看，网管系统与资源系统核对	业务资源与网管数据一致性应大于 98%
3		检查网管有无异常告警、事件告警	实时	在综合告警系统或网管上查看	查看网管告警，根据告警级别及时处理
4		查看进程占用计算机 CPU 及内存使用情况	月	在网管计算机上查看	1. 查看网管服务器运行情况，有无异常。 2. 查看网管服务器 CPU 及内存情况，出现异常及时处理
5		备份网管配置数据到异地网管或存储介质	月	在网管上操作	1. 对自动备份的数据核实备份是否成功 2. 对无法自动备份数据进行手动备份
6		定期同步网元数据至网管服务器	月	在网管上操作	1. 同步网元数据。 2. 检查同步数据备份情况

6.2.2　故障处理方法

6.2.2.1　链路故障

当一条链路发生故障时，即一条线路上大面积 ONU 掉线，这种情况基本可以断定不是 ONU 的故障。此时按照以下步骤进行检查：

1. 检查 OLT

（1）检查该链路所属的 OLT，如果 ONU 掉线，则表示该 ONU 无法注册到任意一台 OLT 上。此时，通过在主站"Ping"OLT 设备，确认主站到 OLT 的通信情况。

（2）如果主站到 OLT 的通信正常，则表示 OLT 到 ONU 出现故障。通过网管查看掉线的 ONU 是否属于同个 PON 口或者同一块 PON 板，如果是则检查此块 PON 板，确认是否正常供电，以及接触的完好性。如果仍然正常则要继续检查。

2. 检查 OLT 到 ONU 的光功率

对于大面积的 ONU 掉线，尤其是一条链路上的 ONU 掉线，此时要引起注意的是光功率状况。可以到任意一个 ONU 点，通过光功率计，测量此时光功率状况。光功率一端连接 OLT 端下来的光纤，即分光器引出的光纤，简而言之就是从 ONU 上拔下光纤插在光功率计的 OLT 端，然后另一端连接 ONU，两个连接口的顺序一定不要弄反，此时就可以测量出此时 OLT 到该台 ONU 的光功率。

6.2.2.2 单个 ONU 故障

当某一个 ONU 出现掉线时，按照上面步骤下来仍然发现不了问题时，这时就应该考虑 ONU 的故障，ONU 故障按照以下步骤来检查。

（1）检查 ONU 的电源情况，确认 ONU 电源是正常的。

（2）观察 ONU 指示灯，确认 ONU 是否注册上，插拔数据线，保证数据线接触正常。如果仍然无法解决问题，此时要考虑更换 ONU 了。

（3）拆下有故障的 ONU，安装上新的 ONU，连接好 PON 口线、串口线，接通电源，观察 ONU 是否注册上，ONU 注册上之后，返回主站，通过网管对 ONU 进行配置，主要包括 VLAN 和串口服务器的配置。

6.3 电力无线专网运维

6.3.1 运维内容

1. 核心网设备运维

（1）巡视周期：核心网网管应满足 $7 \times 24h$ 运行监视要求；网元设备巡视维护根据维护内容不同周期各不相同，各单位应结合运行情况定期开展，核心网设备巡视检查表见表 6-3。

（2）运维内容：设备安装是否牢固，机架机框单板有无损坏、变形，设备空余槽位面板应齐全，覆盖完好；设备及各类线缆标识、标牌、标签有无脱落，应字迹清晰；设备的走线应规范，线缆绑扎整齐；设备表面及机架应保持清洁，无灰尘；设备端口无明显缺陷，内部无灰尘，指示灯应显示正常；风扇无异响、无锈蚀、无积尘；检查单点设备面板状态，通过网管对设备进行例行的日常巡视；设备面板的指示灯正常闪烁；对核心网网管告警、性能、配置等数据进行核对整理及备份。

表 6 - 3　　　　　　　　　　　核心网设备巡视检查表

序号	分项	周期	检查/测试方式	巡视要求
1	系统运行情况检查	实时	在网管上查看	检查告警
2		每天	现场检查为主，网管查看配合	检查网口状态； 检查硬件运行状态； 检查软件应用状态； 检查主机资源使用情况； 检查设备指示灯状态； 网络连通性检查； 检查信令及中继情况； 检查 CG 状态； 通信设备资源使用情况
3		每周	现场巡检	检查配电框的运行状况； 检查风扇盒的运行状况
4	性能统计分析	每天	在网管计算机上查看	检查 CPU 占用率； 检查内存占用率； 分析核心网指标
5		每周	在网管计算机上查看	检查话单磁盘剩余空间
6	备份	月	在网管上操作	备份 HSS 数据库（每天增量备份）； 备份 CG 话单文件； 设备配置备份
7	操作日志检查	月	在网管上操作	查询并保存日志
8	倒换测试	月	在网管上操作	主备系统倒换测试
9	备件	季	现场检查	检查备品备件

2. 基站设备运维

（1）巡视周期：基站设备巡检主要包括室内设备巡视和室外设备巡视两大部分，基站室内设备包括安装在机房内的 BBU 设备以及机柜等配套设施等，每月至少巡视一次；基站室外设备部分一般包括 RRU 设备、天馈系统、电源转接模块以及光纤分配箱、走线架（槽、盒）等辅助设施，每月至少巡视一次。

（2）运维内容。运维内容包括以下内容。

室内设备：基站 BBU 设备安装是否牢固，机架有无损坏、变形，设备空余槽位面板应齐全，覆盖完好；基站设备内外表面、设备机柜内外是否清洁、无灰尘；设备运行状态是否正常，是否有告警，各指示灯闪烁状态有无异常；BBU 设备告警灯的显示状态；设备风扇是否运转正常，是否有异响；设备滤网是否保持清洁；无线专网设备电源设备防雷单元是否有异常；BBU 设备 GE/FE 链路状态，并同步检查传输侧端口告警及信息收发状态；设备连接光纤、GPS 馈线连接、传输口网线连接、电源线连接是否正常，有无松动，线缆应绑扎牢固，尾纤弯曲半径不小于其直径的 20 倍，电源线弯曲半径不小于其直径的 5 倍；设备接地线是否连接牢固，有无松动和锈蚀；设备及各类线缆标识、标牌、标签有无脱落；接至室外的光纤、电源线走线是否有异常，外护套是否完整，出线处的馈线孔洞是否封堵完好。

室外设备：RRU 设备与抱杆、墙体连接的紧固度，应无脱落、松动迹象，连接处紧固件状态良好；RRU 设备运行指示灯状态，应无异常告警；室外天线与抱杆连接正常，美化天线与基础平台连接良好，连接螺栓应无异常松动、脱落、无锈蚀；RRU 至天线连接馈线应无明显松动、脱落，接头防水胶带密封良好；室外光纤分配箱、电源转接模块、走线架（槽、盒）等辅助设施，设备运行状态良好，应无明显脱落、松动迹象，线缆连接正常，弯曲度符合要求；室外 RRU 设备、天馈系统、连接线缆以及辅助设施的标签、标识，应无脱落、松动，字迹清晰；机房馈线孔洞的密封状态，应封堵完好，馈线防水弯下沿、弯曲半径符合要求。

基站及附属设备巡视内容及要求见表 6-4。

表 6-4 基站及附属设备巡视内容及要求

类别	项 目	周期	要 求
BBU 设备	设备清洁	月	机柜内外无灰尘和污迹，保证洁净的环境
	线缆检查	月	进出设备的线缆整齐、绑扎良好，接头可靠
	告警检查	月	设备和单元板指示工作灯正常，无异常告警
	风扇检查	月	风扇工作正常，无异常告警，过滤网清洁干净
	设备外观检查	月	设备接地可靠，无锈蚀、脱漏和损坏等现象
RRU 设备	尾纤检查	月	尾纤固定良好，无扎带脱落，无因绑扎过紧或磨损造成外皮损伤；线序标签检查
	线缆防水弯检查	月	线缆预留防水弯良好
	电源线检查	月	电源线固定良好，无扎带脱落，无因磨损造成护套损伤；定期对电源线进行绝缘测试；线缆标签检查
	设备外观检查	月	定期检查塔上设备固定是否良好，固定螺丝是否锈蚀；设备密封良好，无破损，无漏水、生锈等
天馈系统巡检	天线巡检	月	检查天线的厂家、型号及数量；检查天线在抱杆上固定的可靠性，保证无松动；检查天线覆盖方向有无明显阻挡；天线避雷检查；检查天线安装参数，包括方向角、俯仰角或全向天线的垂直度等，并做校正处理（如果天线参数调整，须立即作记录）；天线防雨、密封性检查
	馈线巡检	月	小跳线固定、安装检查；检查主馈线各级避雷接地的可靠性；馈线（包括各馈线尾线、跳线）外型变化检查，检查有无过度弯曲，有无破损、老化；主馈线、小跳线数量检查；馈线安装固定情况检查，检查馈线卡或黑扎带固定馈线可靠性，保证无松动；天馈线系统各接头的防雨、密封检查及天馈线进口的防水处理检查；馈线回水弯检查；馈线紧固检查、密封性检查
	安全巡视	月	检查铁塔（拉线塔）及楼顶抱杆倾斜、连接松动、堆杂物、平台及铁塔角钢是否存在偷窃、拉线缺少等安全隐患的问题
	性能测试	按需	根据技术规范，每年抽 10% 以上的基站进行天馈驻波比测试
天馈调整与消缺	天线优化调整	按需	配合无线网络优化所需的天线方位角、俯仰角等调整
	消缺	按需	对巡检及驻波比检测等发现的问题进行整改

3. 铁塔和抱杆运维

(1) 巡视周期：铁塔和抱杆的巡视检查周期为 1 年 1 次。

(2) 运维内容：铁塔及抱杆的塔件、结构件缺失、变形、锈蚀情况；塔体周围的环境应无杂草、无杂物、无遗留工器具；塔体、杆体上无鸟窝等异挂物体；确认标识齐全；螺母、螺栓的腐蚀、紧固情况，检查无以大代小、生锈或外漏丝扣少于 2 扣的现象；铁塔和抱杆应满足以下测试指标：接地电阻小于 5Ω，铁塔、抱杆垂直度不大于 1%，局部弯曲度不大于 1%，螺栓力矩 M16 以下为 7kg·m，M16 以上为 10kg·m，节点板密贴度大于75%，基础水平度小于 1.5mm；铁塔、抱杆所有检查项目，应对进行现场拍照留存，作为一塔一表的基础数据，基础数据每年备份一次。

4. 终端运维

(1) 巡视周期：终端设备由各单位根据情况定期进行现场巡视。

(2) 运维内容：终端指示灯是否正常，检查馈线有无破损，走线是否规范、天线有无生锈、是否固定牢靠；终端设备在网情况统计、分析；业务侧信号测试（RSRP\RSRQ\SINR）；SIM 卡的开卡和注销、维护工作；eSIM 终端注册和注销、维护工作。

6.3.2 故障处理方法

6.3.2.1 硬件故障

1. 单板故障

(1) 在供电正常情况下电源灯应无异常闪烁，否则替换设备。

(2) 检查单板运行指示灯颜色显示，显示故障应进行测试找出故障点，修复单板。

(3) 确定所有业务恢复正常后，故障处理完毕。

2. 端口故障

(1) 首先判断核心网至传输设备之间的传输链路故障。

(2) 网管人员检查链路配置，如配置参数错误，重新修改配置后进行下发。

(3) 交换机端口或设备故障，应及时更换端口或设备。

(4) 检查设备端口外观应无明显缺陷，内部无灰尘，无松动掉落现象。

(5) 光电转换器故障，应重启或更换光电转换器。

(6) 传输设备电端口故障，应及时更换端口。

3. 线缆故障

(1) 查询网管确定断点大概段落，现场巡视确定断点具体位置和原因。

(2) 现场检查网线是否有折损，重新拔插网线或更换网线。

(3) 线缆接触不良的，重新插拔网线或者更换网线。

(4) 确定受影响业务全部恢复，故障处理完毕。

6.3.2.2 软件故障

1. 数据配置错误故障

(1) 检查数据配置，应严格按照产品文档进行逐条检查。

(2) 检查发生问题的数据与正常数据的差异。

（3）检索以往问题记录有无类似问题，按照既有经验进行处理。

2. 软件 bug 故障

（1）判断问题现象是否与 bug 有关。

（2）将数据重新配置以规避问题。

（3）向厂家报修，获取解决问题的新的版本或补丁。

6.3.2.3 容量受限故障

1. 硬件受限故障

（1）判断观察当前业务量是否超出规格限制。

（2）如果超出应实施流控先恢复业务。

（3）同时启用商务流程进行业务扩容。

2. 软件受限故障

（1）判断观察当前业务量是否超出规格限制。

（2）如果超出应申请临时许可证先恢复业务。

（3）同时启用商务流程进行许可证扩容。

6.3.2.4 BBU＼RRU 设备故障

（1）通过网管确认板件运行状态、业务流量情况。

（2）有主备配置的单板，进行业务倒换，倒换完成后观察故障恢复情况，如业务恢复，更换损坏单板；若倒换后故障仍未恢复的，需备份相应数据后进行板件或设备更换处理。

（3）更换单板或设备后，通过网管重新下发数据，并观察故障恢复情况。

（4）确定故障恢复，所有受影响业务全部恢复，故障处理完毕。

6.3.2.5 天馈系统故障

（1）确认故障点的位置，检查馈线连接是否松动、馈线头是否进水等异常情况。

（2）天线设备故障，应及时拆除旧天线、更换新的天线设备。

（3）GPS 设备故障，检查 GPS 天线防雷设施是否完好，馈线连接是否正常，防雷器是否完好。

（4）如 RRU 至天线设备间的馈线故障，更换新的馈线。

（5）确定故障恢复，所有受影响业务全部恢复，故障处理完毕。

6.3.2.6 系统配置类故障

（1）首先检查网管数据是否异常，检查系统日志，核实数据是否有人为改动。

（2）通过网管查询设备数据是否缺失，配置是否与现场设备情况相一致。

（3）通过网管备份的数据，重新下发至设备，观察设备运行状态。

（4）确定故障恢复，所有受影响业务全部恢复，故障处理完毕。

6.3.2.7 线缆连接类故障

（1）检查线缆两端设备运行、及数据配置情况。

（2）检查线缆连接有无异常、端口是否正常。

（3）如端口异常、线缆连接故障，可先用临时线缆更换，排查故障。

（4）如故障现象消失，更换损坏的线缆，布放新的线缆，并做好标识、标牌。

（5）确定故障恢复，所有受影响业务全部恢复，故障处理完毕。

6.4　典　型　案　例

6.4.1　电力无线专网故障处理

此处所选案例为 A 局传输板卡隐性故障处理典型案例

6.4.1.1　故障现象

A 局运维人员反馈配电自动化业务存在批量离线情况，网管监控人员通过中兴网管查询告警日志，发现 A 局某区域基站存在批量 S1 接口故障告警，判断传输网络存在故障导致配电自动化业务批量离线，并对此问题进行及时处理。

6.4.1.2　故障分析

配电自动化业务批量掉线，同时无线专网网络存在批量 S1 接口故障告警，技术人员初步确认为传输网络存在故障导致，及时查询传输监控，无明显告警日志。依据告警状态信息，传输故障存在范围为 A 局 SDH 至市局 SDH 传输段，为此 A 局和市公司联合启动故障排查工作，第一时间对故障进行分析确认。

1. **数通数据查询**

数通技术人员通过运维平台进行查询，A 局端与市局端两台交换机无数据包传输，技术人员指导 A 局现场运维人员对交换机进行更换端口及光纤连线，同时在运维平台跟踪数据包传输情况，更换后查询数据传输状态，A 局与市局互联接口仍然无数据包传输交互，初步确定故障问题出现在传输硬件设备上。A 区与市局间交换机接口运行状态查询如图 6-1 所示。

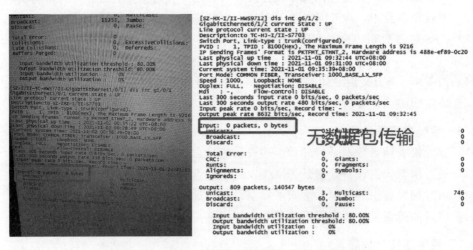

图 6-1　A 区与市局间交换机接口运行状态查询

2. **现场排查**

A 现场运维人员根据技术人员指导，现场核查一、二区交换机运行指示灯正常，为进一步确认故障区域，对 A 局一、二区传输板卡进行重启、更换端口、更新配置参数等操作，并跟踪操作后数据传输状况，发现操作后仍然无数据包传输，传输故障仍然存在，排除 A 局端传输故障，告知现场运维人员恢复原状态，并将核查区域转至市局 SDH 侧。A 局交换机运行状态如图 6-2 所示。

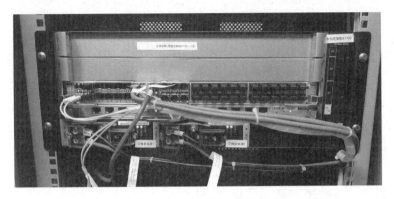

图 6-2　A 局交换机运行状态

3. 故障确认

排除 A 局端传输后，运维人员将排查重点放在市局端 SDH 一侧，对市局机房内传输设备进行核查，A 局至市局端传输接口为 16 槽 9 号端口，传输运行指示灯正常；技术人员对 A 局与市局间传输配置参数进行重配置，但无效果，排除配置参数导致；然后继续重启端口，依然无效果，排除端口故障导致。

至此，基本确认故障由传输板卡硬件故障导致，为验证此问题，将 A 局至市局连接端口，转移至另一块板卡端口上，并重新配置参数，更换板卡完成后故障消除，确认此故障原因为市局端传输板卡故障导致。

6.4.1.3　故障处理

故障原因定位后，运维人员将 A 局至市局传输端口由 16 槽 9 号端口更换为 2 槽 10 号端口，并重新配置参数，故障消除，网络运行正常。对配电自动化业务进行 ping 操作，离线业务已正常在线，问题得到解决。离线配电自动化业务 PING 情况如图 6-3 所示。

PingInfoView

File Edit View Options Help

Host Name	IP Address	Reply IP Addre...	Succee...	Failed Count	% Failed	Last Ping Status	Last Ping Time	Last Ping TTL	Averag
90.20.128.195	90.20.128.195	90.20.128.195	100	0	0%	Succeeded	31	124	25
90.20.128.196	90.20.128.196	90.20.128.196	100	0	0%	Succeeded	19	60	19
90.20.128.184	90.20.128.184	90.20.128.184	100	0	0%	Succeeded	18	60	21
90.20.129.112	90.20.129.112	90.20.129.112	100	0	0%	Succeeded	27	60	30
90.20.129.103	90.20.129.103	90.20.129.103	100	0	0%	Succeeded	32	60	33
90.20.130.53	90.20.130.53	90.20.130.53	100	0	0%	Succeeded	33	60	45
90.20.128.132	90.20.128.132	90.20.128.132	100	0	0%	Succeeded	20	60	19
90.20.128.148	90.20.128.148	90.20.128.148	100	0	0%	Succeeded	18	124	20
90.20.128.199	90.20.128.199	90.20.128.199	100	0	0%	Succeeded	32	124	25
90.20.129.30	90.20.129.30	90.20.129.30	100	0	0%	Succeeded	18	124	19
90.20.128.171	90.20.128.171	90.20.128.171	100	0	0%	Succeeded	31	60	30
90.20.128.188	90.20.128.188	90.20.128.188	100	0	0%	Succeeded	23	60	25
90.20.129.53	90.20.129.53	90.20.129.53	100	0	0%	Succeeded	21	124	23
90.20.130.18	90.20.130.18	90.20.130.18	100	0	0%	Succeeded	21	60	26
90.20.130.20	90.20.130.20	90.20.130.20	100	0	0%	Succeeded	27	60	30
90.20.128.145	90.20.128.145	90.20.128.145	100	0	0%	Succeeded	22	124	30
90.20.128.143	90.20.128.143	90.20.128.143	100	0	0%	Succeeded	22	124	22
90.20.131.103	90.20.131.103	90.20.131.103	100	0	0%	Succeeded	22	60	22
90.20.128.108	90.20.128.108	90.20.128.108	100	0	0%	Succeeded	29	124	31
90.20.128.144	90.20.128.144	90.20.128.144	100	0	0%	Succeeded	18	124	20
90.20.128.97	90.20.128.97	90.20.128.97	100	0	0%	Succeeded	51	124	40

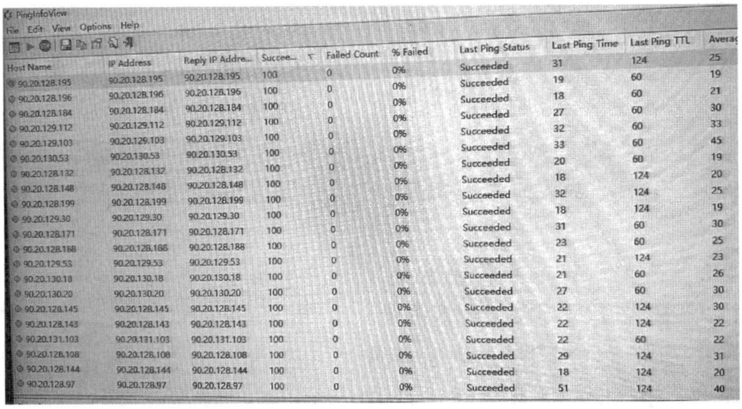

图 6-3　离线配电自动化业务 PING 情况

6.4.1.4　经验总结

本次由于传输板卡故障，而传输网管无明显告警日志，导致无法及时定位，处理难度较大，且该类故障影响范围较大，常常伴随批量告警出现，严重影响各类电力专网业务运行。处理传输故障的关键是故障的准确定位，为了达到这个目标，需要在维护时清楚故障定位的原则、排查故障的可能原因。根据传输路径逐步排查，定位故障位置及原因并及时处理，保障网络正常运行。

6.4.2　光纤专网故障处理

6.4.2.1　EPON 网络的链路状态传输（link status transfer，LST）保护故障处理典型案例

某市配电自动化通信系统采用 PTN（汇聚层）＋EPON（接入层）技术。其中 EPON 网络中，OLT 设备采用中兴 ZXA10 C220，ONU 设备采用中兴 ZXA10 F809A。其配电自动化通信系统拓扑图如图 6-4 所示。

针对配电系统独特的"手拉手"网络，ONU 亦采用该保护方式，将主、备 OLT 放置在不同地点，ODN 采用总线形结构，就形成了"手拉手"型保护方式。由于每个 ONU 在两台 OLT 上分别进行注册，当一端业务链路出现异常时，可快速将业务切换到另一台 OLT 设备。"手拉手"型 ONU 保护方式如图 6-5 所示。

某市使用的 ONU 设备是具有双 PON 口、双 MAC 的 ZXA10 F809A。业务开通时，在主用 OLT 和保护 OLT 上分别对 ONU 不同 PON 口的 MAC 进行注册，因此可以保证 ONU 的业务在主用和保护两个方向上都可以正常传输。但是在正常工作状态下，ONU 设备的两个 PON

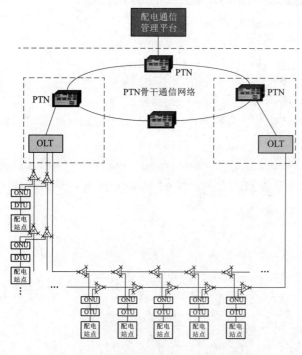

图 6-4　某市配电自动化通信系统拓扑图

口只有工作的 PON 口被激活，这就有效防止了数据环路现象。当目前工作 PON 口接收光功率低于门限值时，ONU 设备关闭工作 PON 口，同时激活保护 PON 口，将业务切换至保护 OLT。

对于 ONU 本身来说，其业务的倒换是以 PON 口接收光功率是否低于门限值为依据的：即只要接收光功率正常，ONU 就会判定业务链路正常。考虑到存在 OLT 上联链路出现异常的情况，此时 ONU 设备并无法直接探测到

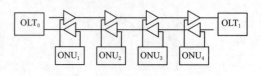

图 6-5　"手拉手"型 ONU 保护方式

业务链路已经出现问题，因而也无法促发业务的倒换，这就存在很大的安全隐患。

针对这一问题，在 OLT 上（ZXA10 C220）启用了 LST 功能：通过创建 LST 保护组，把 OLT 的上联端口和 PON 口加入到 LST 保护组里。当上联链路异常时，上联端口将处于 down 状态，此时 OLT 将把和上联口处于同一个 LST 组的 PON 口强制为 down 状态，从而使相关 PON 口下的 ONU 设备接收光功率异常，进而促发 ONU 的业务倒换。

1. 故障现象

某日，某市配电自动化通信系统汇聚点 B 变 PTN 设备（ZXCTN 6300）出现隧道处于 down 状态的告警，随后网元掉线（同时出现网元断链、以太网口信号 LOS、定时源丢失、隧道连通性丢失、单板脱位、隧道倒换事件等告警），几分钟后告警消失。

同时 B 变 OLT 设备掉线，导致 3 条链路的 ONU 设备随之掉线，业务没有正常倒换。PTN 设备异常告警消失后，OLT 和 ONU 设备随之上线，业务恢复正常。

与此同时，查看与 B 变 PTN 设备及 OLT 设备采用同一方式供电的 SDH 设备发现，出现了 15s 的低压告警。

2. 故障分析

（1）故障原因分析。考虑到先前 B 变有过一次短暂失电，而相关 ONU 业务倒换均正常，因此可排除设备失电的可能。而通过在网管上对 OLT 的 PON 口进行强制业务倒换，发现倒换正常工作。

结合故障期间，该变电站内与 PTN 及 OLT 设备采用的同样供电方式的 SDH 设备出现了低压告警现象，可初步推测故障期间 PTN、OLT 设备也处于低压状态。通过查阅相关技术文档发现，当 PTN 设备低压时，虽然设备仍处于运行状态，但板卡运行异常，激光器发光功率急剧下降，从而影响设备数据转发、处理的能力，OLT 设备也是类似情况。

综合以上分析，初步推测故障原因为：PTN 至 OLT 的链路出现问题后，OLT 未将与上联口处于同保护组内的下联 PON 口强制为 down 状态，进而未能触发 ONU 倒换。即 LST 功能未能正常工作。

（2）故障排查。为进一步验证 LST 功能是否正常工作，相关通信运维人员在 B 变进行了如下实验：

1）倒换 B 变 ONU 至 OLT。通过网关强制把 B 变－C 变这条 PON 路下 ONU 倒换至 B 变 OLT，此时，断开 B 变侧下联光路，ONU 能够正常倒换至对侧 C 变 OLT 上，B 变至 C 变"手拉手"链路如图 6-6 所示。

2）恢复 B 变光路，再次将相关 ONU 强制倒换至 B 变 OLT。此时，通过 QX 口登录到 B 变 OLT，此时上联端口 gei_0/14/1 处于 up 状态，已经开通业务的 PON 口处于 up 状态，其余 PON 口处于 down 状态，状态正常，断开上联链路前 B 变 OLT 端口状态如图 6-7 所示。

3）断开 B 变 OLT 至 PTN 的上联光路，发现 B 变 OLT 及下联 ONU 脱管。此时，通

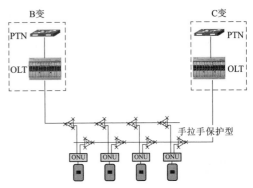

图 6-6　B 变至 C 变"手拉手"链路

过 QX 口登录到 B 变 OLT，发现上联端口 gei_ 0/14/1 处于 down 状态，已经开通业务的
PON 口处于 up 状态，并没有被强制为 down 状态，ONU 未能倒换至中南变 OLT，断开
上联链路后 B 变 OLT 端口状态如图 6-8 所示。

```
CaoGongB-C220#show lst groupid 1

Switch type                 : common port
Uplink ports status         :
                              gei_0/14/1 : up
Pon ports status            :
                              epon-olt_0/1/1 : up
                              epon-olt_0/1/2 : down
                              epon-olt_0/1/3 : down
                              epon-olt_0/1/4 : down

                              epon-olt_0/2/1 : down
                              epon-olt_0/2/2 : up
                              epon-olt_0/2/3 : up
                              epon-olt_0/2/4 : up

                              epon-olt_0/3/1 : down
                              epon-olt_0/3/2 : down
                              epon-olt_0/3/3 : down
                              epon-olt_0/3/4 : down
```

图 6-7　断开上联链路前 B 变 OLT 端口状态

```
CaoGongB-C220#show lst groupid 1

Switch type                 : common port
Uplink ports status         :
                              gei_0/14/1 : down
Pon ports status            :
                              epon-olt_0/1/1 : up
                              epon-olt_0/1/2 : down
                              epon-olt_0/1/3 : down
                              epon-olt_0/1/4 : down

                              epon-olt_0/2/1 : down
                              epon-olt_0/2/2 : up
                              epon-olt_0/2/3 : up
                              epon-olt_0/2/4 : up

                              epon-olt_0/3/1 : down
                              epon-olt_0/3/2 : down
                              epon-olt_0/3/3 : down
                              epon-olt_0/3/4 : down
```

图 6-8　断开上联链路后 B 变 OLT 端口状态

通过以上排查后发现，当 OLT 的上联链路中断，OLT 的 PON 口还是会处于 up 状
态，这样也就不能触发 ONU 的倒换，造成了业务中断，即 OLT 的 LST 功能未能正常
工作。

3. 故障处理

将相关故障现象及数据向技术人员反馈后，经研发人员确认是 OLT 软件存在 BUG，随即开发了相关补丁予以解决，经过测试 LST 保护正常工作。

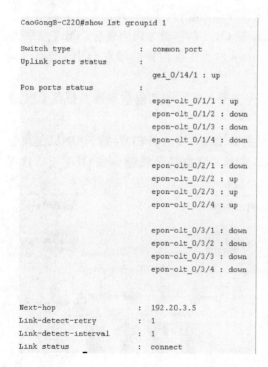

图 6-9　数据链路层的 LST 保护配置

通过本次故障，还暴露出一个问题：目前所配置的 LST 保护功能也只是通过检测上联口的状态来检测上联链路的状况，如果业务链路物理指标正常，但数据传输异常（如当设备处于欠压状态时，光功率指标正常，但是数据转发能力已经急剧下降），此时 ONU 不会发生倒换。通过查阅相关资料及对设备的反复研究试验，发现可以采用数据链路层的 LST 保护解决这一问题：在 OLT 侧定时 ping 主站服务器的 IP 地址，如果通说明数据链路是通畅的，否则判定数据链路出现问题，启动 LST 保护机制，触发 ONU 的倒换。数据链路层的 LST 保护配置如图 6-9所示。

其中 Next-hop 设置为主站服务器地址，Link-detect-retry（当 ping 不通主站服务器

时重试的时间间隔）设置为1s，Link-detect-interval（ping主站服务器的时间间隔）设置为1s，经测试该保护机制可以解决上述问题。

4. 经验总结

通过处理本次故障，我们可以得到如下经验：

（1）新的系统投运前，一定要充分测试，并尽量模拟所有可能出现的情况，确保正式运行时的可靠性。

（2）对于遇到的设备故障，不能浅尝辄止，要深入研究。如本例中，通过进一步研究保护的工作机制，不仅实现了物理链路层的保护，同时也实现了数据链路层的保护，进一步增强了网络的稳定性和可靠性。

6.4.2.2 汇聚层环路链路STP配置不当造成网管脱管故障处理案例

某市配电自动化通信系统采用汇聚层交换机和EPON接入层技术。在汇聚层，由A、B、C、D四个分局组成汇聚层，设备组网拓扑图如图6-10所示，在地市中心局配置核心路由器连接配网主站系统，由于4个分局之间俩俩互联，在物理链路上形成环路。接入层的OLT安装在变电站内，不同地理位置的OLT根据片区划分接入相应的分局，OLT的管理VLAN终结在B局汇聚交换机上，配网网管系统是通过传输通道接入至B局的汇聚交换机上。

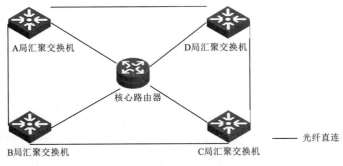

图6-10 某地市公司EPON网络汇聚层设备组网拓扑图

在汇聚层的二层网络中，广播、组播、未知单播都采用了泛洪的方式传递，如果网络中存在环路，会导致报文无限复制转发，网络中的设备都会接受并处理，加大交换芯片开销，占用内存资料，导致交换机缓存区溢出，并且占用大量网络带宽，结果是影响正常的网络通信业务，最终导致网络崩溃。生成树协议（spanning-tree protocol，STP）是一个局域网中消除环路的协议，防止交换机冗余链路产生的环路，用于确保以太网中无环路的逻辑拓扑结构，从而避免了广播风暴大量占用交换机资源的现象。

1. 故障现象

某日，网络控制中心发现D局下挂OLT脱管，结合其他网管，发现C局与D局的互联光缆中断，导致配网网管中D局的所有OLT网元脱管。

2. 故障分析

由于D局交换机通过光纤与A局和C局物理上互联，但是在A局上把互联端口关闭的，在逻辑上是没有成环的，因此在D局与C局的互联链路中断后，D局成为独立的网元，下挂的 OLT 设备与配网网管（下挂在 B 局）不能通信。

3. 故障处理

（1）当时通过核心路由器远程登录 A 局交换机，查看 A 局与 D 局的互联端口为关闭状态。D 局的汇聚交换机的互联端口配置如图 6-11 所示。

（2）在交换机上打开端口，D 局的汇聚交换机的互联端口打开后的配置，如图 6-12 所示，D 局的 OLT 管理 vlan 路由为 D—>A—>B，D 局下挂的 OLT 网管业务恢复在线。

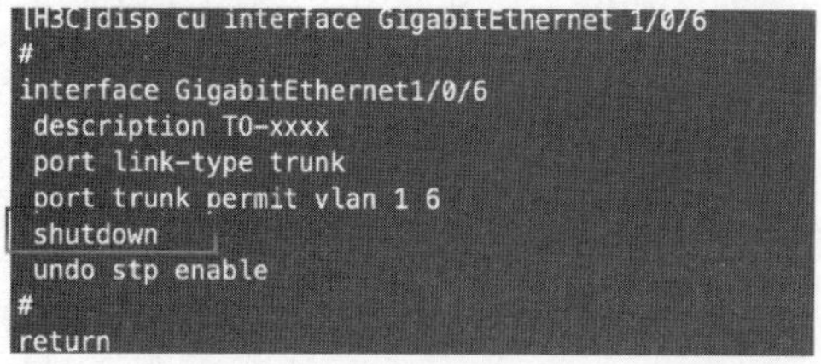

```
[H3C]disp cu interface GigabitEthernet 1/0/6
#
interface GigabitEthernet1/0/6
 description TO-xxxx
 port link-type trunk
 port trunk permit vlan 1 6
 shutdown
 undo stp enable
#
return
```

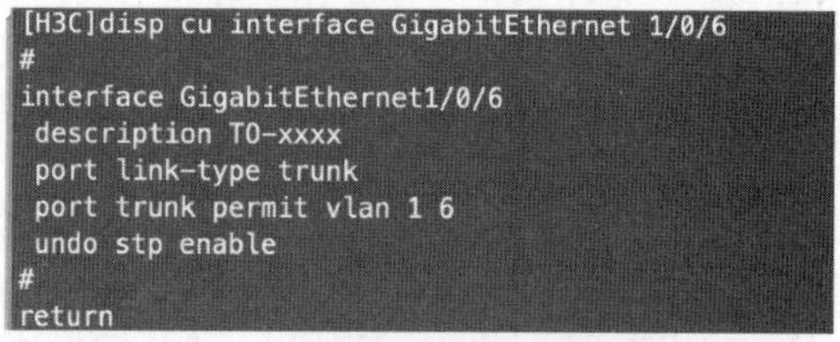

```
[H3C]disp cu interface GigabitEthernet 1/0/6
#
interface GigabitEthernet1/0/6
 description TO-xxxx
 port link-type trunk
 port trunk permit vlan 1 6
 undo stp enable
#
return
```

图 6-11　D 局的汇聚交换机的互联端口配置　　图 6-12　D 局的汇聚交换机的互联端口打开后的配置

（3）待光缆恢复正常后，配网网络的四个分公司物理链路成环，配网网管脱管，在 C 公司交换机现场查看告警，为环路告警，估计为 STP 协议配置问题，查看全局 STP 协议，D 局的汇聚交换机的全局 STP 协议配置如图 6-13 所示，配置正常。

（4）查看 D 局与 C 局、A 局的互联端口配置，发现 D 局与 C 局之间的互联端口配置 undo stpenable，使得端口取消 stp 协议，导致物理链路成环，STP 协议层面没有关闭某个端口，导致环路未能破环，重新配置 STP 协议后，网管恢复正常。D 局的汇聚交换机的全局 STP 协议配置如图 6-14 所示。

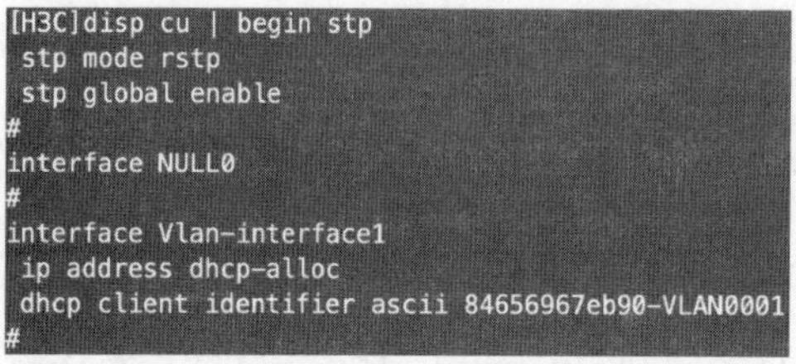

```
[H3C]disp cu | begin stp
stp mode rstp
stp global enable
#
interface NULL0
#
interface Vlan-interface1
 ip address dhcp-alloc
 dhcp client identifier ascii 84656967eb90-VLAN0001
```

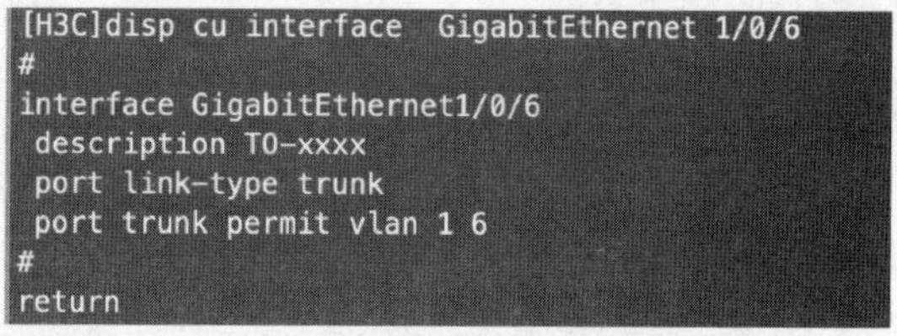

```
[H3C]disp cu interface  GigabitEthernet 1/0/6
#
interface GigabitEthernet1/0/6
 description TO-xxxx
 port link-type trunk
 port trunk permit vlan 1 6
#
return
```

图 6-13　D 局的汇聚交换机的全局 STP 协议配置　　图 6-14　D 局的汇聚交换机的全局 STP 协议配置

4. 经验总结

（1）定期备份和检查汇聚层交换机的配置，对有变动的配置部分需要明确改动原因及时间。

（2）故障处理时要留意设备告警信息，设备的告警信息对故障处理有明确的指导方向，争取快速恢复业务。

6.4.2.3　ONU 环路造成 OLT 回显异常故障处理案例

某地市公司配网主线是环网结构，通信网采用单环网结构，环网结构光纤在同一个变电站 OLT 不同的 PON 口上进行终结，实现全网自愈保护，某地市公司 EPON 自愈网络组网图如图 6-15 所示。

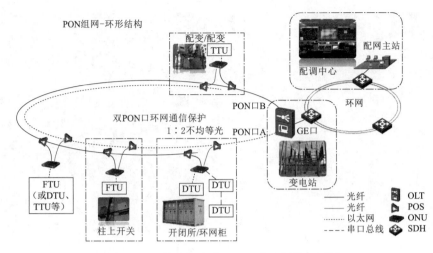

图 6-15 某地市公司 EPON 自愈网络组网图

1. 故障现象

某日，配网网管反映某站点 OLT 设备登录进去后，执行相关命令回显很慢，影响业务开通。

2. 故障分析

怀疑主控板或者某个 PON 板异常，或者是下挂 PON 口环路，需要现场进一步排查。

3. 故障处理

（1）由于回显异常，现场主控板主备倒换，刚开始几分钟正常，然后障碍依旧，排除主控板异常。

（2）拔插所有 PON 口板，一个个插入，插入第 2 槽位的单板后回显异常，确定故障点在第 2 槽。

（3）拔掉 2 槽所有的光纤，回显正常，确定 2 槽的单板正常。

（4）对 2 槽的 PON 口一个个插入尾纤，当插入第 8 个 PON 口和第 15 个 PON 口时回显异常，确定为这两个 PON 口问题，查看两口的 ONU 注册情况，某站点 OLT 的 2/8PON 口的 ONU 注册情况如图 6-16 所示。某站点 OLT 的 2/15PON 口的 ONU 注册情况如图 6-17 所示。

```
nanjiao#show epon onu-i interface e2/8:
Interface EPON2/8 has registered 6 ONUs:
IntfName    VendorID ModelID   MAC Address     Description
BindType    Status        Dereg Reason
--------    --------  -------  -------------   -----------------------------
EPON2/8:1   0000     4102     fcfa.f7f1.8b6c  N/A
static      auto-configured N/A
EPON2/8:2   0000     3030     fcfa.f7f1.81fc  N/A
static      auto-configured N/A
EPON2/8:3   0000     4102     fcfa.f7f1.8b60  N/A
static      auto-configured N/A
EPON2/8:4   BDCM     1208     00e0.0fcb.d92e  N/A
static      auto-configured N/A
EPON2/8:5   0000     3030     fcfa.f7f1.84c4  N/A
static      auto-configured N/A
EPON2/8:6   0000     3030     fcfa.f7f1.8454  N/A
static      auto-configured N/A
```

图 6-16 某站点 OLT 的 2/8PON 口的 ONU 注册情况

```
nanjiao#show epon onu-i interface e3/13
Interface EPON3/13 has registered 7 ONUs:
IntfName   VendorID  ModelID   MAC Address     Description
BindType   Status          Dereg Reason
---------- --------- --------- --------------- -----------------------------
---------- --------- --------- -----------------
EPON3/13:1 0000      3004      fcfa.f771.064e N/A
static     auto-configured N/A
EPON3/13:2 0000      3030      fcfa.f79e.3834 N/A
static     lost            wire-down
EPON3/13:3 0000      4202      8479.73a5.154e N/A
static     auto-configured N/A
EPON3/13:4 0000      4102      fcfa.f7f1.8beb N/A
static     auto-configured N/A
EPON3/13:5 0000      4202      fcfa.f7f1.8455 N/A
static     auto-configuring N/A
EPON3/13:6 0000      3030      fcfa.f79e.3904 N/A
static     lost            wire-down
EPON3/13:7 0000      4202      8479.73a5.0a68 N/A
static     lost            power-off
```

图 6-17　某站点 OLT 的 2/15PON 口的 ONU 注册情况

　　分析这两个 PON 口的点位，有相似的 MAC 地址，怀疑是同一个点位有两组光并且环路，逐个点位排查，再新接入的点位，施工单位把两个 PON 口都接入，并且从 ONU 布放两根网线到 DTU 设备的网口，造成环路，拔掉其中一个网线，OLT 设备回显正常，障碍消除。

　　4. 经验总结

　　(1) 新接入站点 DTU、ONU 等设备等接线施工要求必须规范，避免因连接错误导致接入业务异常。

　　(2) 新接入站点接入配网网络时，必须通过规范等入网手续，待验收合格后再投入使用。

参 考 文 献

［1］ 国家能源局．配电自动化系统功能规范：DL/T 814—2013［S］．北京：中国电力出版社，2013.

［2］ 国家能源局．电力应急通信设计技术规程：DL/T 5505—2015［S］．北京：中国电力出版社，2013.

［3］ 国家电网公司．电力通信网信息安全　第 5 部分：终端通信接入网：Q/GDW/Z 11345.5—2015［S］．北京：中国电力出版社，2015.

［4］ 中国国家标准化管理委员会．信息系统安全等级保护基本要求：GB/T 22239—2008［S］．北京：中国标准出版社，2013.

［5］ （瑞典）达尔曼，（瑞典）巴克浮，（瑞典）斯科德．4G 移动通信技术权威指南：LTE 与 LTE—Advanced［M］．堵久辉，缪庆育，译．北京：人民邮电出版社，2014.

［6］ 王映民，孙韶辉，等．TD-LTE 技术原理与系统设计［M］．北京：人民邮电出版社，2013.

［7］ （意）赛西亚，（摩洛哥）陶菲克，（英）贝科．LTE—UMTS 长期演进理论与实践［M］．北京：人民邮电出版社，2009.

［8］ 尤肖虎，潘志文，高西奇，等．5G 移动通信发展趋势与若干关键技术［J］．中国科学：信息科学，2014，24（5）：551－563.

［9］ 原义栋，赵东艳，吴广宇．基于 230MHz 电力无线专网的频谱共享关键技术研究［J］．电子技术应用，2015，41（8）：79－82.

［10］ 徐长福，王小波，周超，等．面向应急通信的 LTE 电力无线专网应用研究［J］．电力信息与通信技术，2015，13（1）：27－31.

［11］ 李文武，游文霞，王先培．电力系统信息安全研究综述［J］．电力系统保护与控制，2011，39（10）：140－147.

［12］ 李剑锋．TD-LTE 电力专网安全性研究［J］．网络安全技术与应用，2017（1）：108－109.

［13］ 陈立明，陈华军，郭晓斌，等．TD-LTE 电力无线转弯端到端安全防护系统［J］．南方电网技术，2016，10（1）：49－53.

［14］ 郑学明．TD-LTE 的电力无线专网组网与安全防护技术探讨［J］．电子技术与软件工程，2016（14）：215.

［15］ 中华人民共和国工业和信息化部．通信设备安装工程施工监理规范：YD 5125—2014［S］．北京：人民邮电出版社，2014.

［16］ 中华人民共和国住房和城乡建设部．建设工程监理规范：GB/T 50319—2013［S］．北京：中国建筑工业出版社，2013.

［17］ 国家能源局．电力建设工程监理规范：DL/T 5434—2012［S］．北京：中国电力出版社，2012.

［18］ 中华人民共和国工业和信息化部．通信建设工程施工安全监理暂行规定：YD 5204—2014［S］．北京：人民邮电出版社，2014.

附录A 通信技术基础评分

对终远程通信技术、本地通信技术进行基础评分，匹配模型中各业务场景均以此评分为基准进行计算。

A.1 远程通信接入网

接入网通信技术基础评分见表A-1。主要考虑光纤专网、无线公网、无线专网等常规通信技术，北斗短报文等作为特殊情况下的补充覆盖，不列入对比评分。

表A-1 接入网通信技术基础评分

指标	光纤专网	无线公网	无线专网230MHz	无线专网1800MHz
带宽 $B1$	100	80	60	80
时延 $B2$	100	60	80	80
可靠性 $B3$	100	60	80	80
容量 $B4$	100	100	80	80
覆盖范围 $B5$	40	100	80	80
安全性 $B6$	100	40	100	100
产品成本 $B7$	60	100	80	80
施工难度 $B8$	40	100	80	80
运维难度 $B9$	80	100	80	80
产品国产化 $B10$	100	80	100	80
产品制造 $B11$	100	100	60	80
产品设计 $B12$	80	40	100	80
后期服务 $B13$	80	60	60	60

A.2 本地通信接入网

本地通信技术基础评分见表A-2。主要考虑宽带载波、短距离无线、低功耗长距离无线、串口、本地以太网等通用技术。窄带电力线载波、RFID、NFC等通信技术作为特殊情况下的补充覆盖，不列入对比评分。

表A-2 本地通信技术基础评分

指标	宽带载波（含双模）	短距离无线	低功耗长距离无线	串口	本地以太网
带宽 $B1$	60	80	40	40	100
时延 $B2$	100	100	40	100	80

指标	宽带载波 （含双模）	短距离无线	低功耗长距离 无线	串口	本地以太网
可靠性 $B3$	80	80	80	80	100
容量 $B4$	80	100	100	60	80
覆盖范围 $B5$	60	80	100	40	80
安全性 $B6$	80	80	80	100	100
产品成本 $B7$	40	60	60	100	40
施工难度 $B8$	100	100	100	80	60
运维难度 $B9$	40	60	80	100	40
产品国产化 $B10$	100	80	60	100	100
产品制造 $B11$	80	80	60	100	100
产品设计 $B12$	100	80	60	80	80
后期服务 $B13$	100	100	80	100	100

附录 B 典型业务场景远程通信接入匹配模型计算过程

基于上述匹配模型和基本评分表，针对典型电力业务，带入对应的参数指标计算，得到通信技术选择结果。

B.1 配电自动化

1. 配电自动化"三遥"

以配电自动化"三遥"应用场景为例，对模型求解全过程进行计算。

从层次模型结构的第 2 层开始，对于从属于上一层每个因素的同一层诸元素，用成对比较法和重要程度标度表构造判断矩阵，到最下层，评价一级指标的判断矩阵见表 B-1。

表 B-1   评价一级指标判断矩阵

$M1$	$A1$	$A2$	$A3$
$A1$	1	4	3
$A2$	1/4	1	1/2
$A3$	1/3	2	1

$$A = (a_{ij})_{n \times n} = \begin{bmatrix} a_{11} & a_{12} & \cdots & a_{1n} \\ a_{21} & a_{22} & \cdots & a_{2n} \\ \cdots & \cdots & \cdots & \cdots \\ a_{n1} & a_{n2} & \cdots & a_{nn} \end{bmatrix}$$

分别计算各评价一级指标的权重 $\overline{w_{Ai}} = (\prod\limits_{j=1}^{n} a_{ij})^{1/n}$ ，有

$$\overline{w_{A1}} = (a_{11} \times a_{12} \times a_{13})^{\frac{1}{3}} = (1 \times 4 \times 3)^{\frac{1}{3}} = 2.28942848;$$

$$\overline{w_{A2}} = (a_{21} \times a_{22} \times a_{23})^{\frac{1}{3}} = (1/4 \times 1 \times 1/2)^{\frac{1}{3}} = 0.5;$$

$$\overline{w_{A3}} = (a_{31} \times a_{32} \times a_{33})^{\frac{1}{3}} = (1/3 \times 2 \times 1)^{\frac{1}{3}} = 0.87358046$$

得到评价一级指标的权重见表 B-2。

对表 B-2 得到的权重做归一化处理，即

$$w_{Ai} = \frac{\overline{w_{Ai}}}{\sum\limits_{j=1}^{n} \overline{w_{Aj}}}$$

得到评价一级指标的归一化权重 w_{Ai} ，见表 B-3。

表 B-2	评价一级指标权重
评价一级指标	权重
A1	2.28942848
A2	0.5
A3	0.87358046

表 B-3	归 一 化 权 重
评价一级指标	归一化权重
A1	0.62501307
A2	0.13649980
A3	0.23848712

按照一致性检验要求，有

$$CR = CI/RI$$

$$CI = (\lambda_{\max} - n)/(n - 1)$$

$$\lambda_{\max} = \frac{1}{n} \sum_{i=1}^{n} \frac{\sum_{j=1}^{n} a_{ij} w_{Aj}}{w_i}$$

其中，n 为判断矩阵的阶数，此处 $n = 3$，$RI = 0.58$。

随机性指标见表 B-4。

表 B-4					随 机 性 指 标					
阶数	1	2	3	4	5	6	7	8	9	10
RI	0.00	0.00	0.58	0.90	1.12	1.24	1.32	1.41	1.45	1.52

根据上述内容计算得出 $\lambda_{\max} = 3.01829471$，$CI = 0.00914735$，$CR = 0.01577130$，满足 $CR < 0.1$，一致性校验通过，矩阵数值有效。

评价二级指标的判断矩阵及权重计算过程如下。

（1）技术指标。技术指标 **A**1 的下一层为 **B**1～**B**6，评价二级技术指标（**A**1）判断矩阵见表 B-5。

表 B-5			评价二级技术指标（**A**1）判断矩阵			
A1	**B**1	**B**2	**B**3	**B**4	**B**5	**B**6
B1	1	1/3	1/5	1/2	1	1/5
B2	3	1	1/3	4	2	1/5
B3	5	3	1	2	4	1/5
B4	2	1/4	1/2	1	1	1/5
B5	1	1/2	1/4	1	1	1/5
B6	5	5	5	5	5	1

分别计算评价二级技术指标 **B**1、**B**2、**B**3、**B**4、**B**5、**B**6 相对于 **A**1 的权重，按照权重公式计算有

$$\overline{w_{b1}} = (b_{11} \times b_{12} \times b_{13} \times b_{14} \times b_{15} \times b_{16})^{\frac{1}{6}}$$

$$= (1 \times 1/3 \times 1/5 \times 1/2 \times 1 \times 1/5)^{\frac{1}{6}} = 0.43382854;$$

$$\overline{w_{b2}} = (b_{21} \times b_{22} \times b_{23} \times b_{24} \times b_{25} \times b_{26})^{\frac{1}{6}}$$

$$= (3 \times 1 \times 1/3 \times 4 \times 2 \times 1/5)^{\frac{1}{6}} = 1.08148375;$$

$$\overline{w_{b3}} = (b_{31} \times b_{32} \times b_{33} \times b_{34} \times b_{35} \times b_{36})^{\frac{1}{6}}$$

$$= (5 \times 3 \times 1 \times 2 \times 4 \times 1/5)^{\frac{1}{6}} = 1.69838133;$$

$$\overline{w_{b4}} = (b_{41} \times b_{42} \times b_{43} \times b_{44} \times b_{45} \times b_{46})^{\frac{1}{6}}$$

$$= (2 \times 1/4 \times 1/2 \times 1 \times 1 \times 1/5)^{\frac{1}{6}} = 0.60696223;$$

$$\overline{w_{b5}} = (b_{51} \times b_{52} \times b_{53} \times b_{54} \times b_{55} \times b_{56})^{\frac{1}{6}}$$

$$= (1 \times 1/2 \times 1/4 \times 1 \times 1 \times 1/5)^{\frac{1}{6}} = 0.54074187;$$

$$\overline{w_{b6}} = (b_{61} \times b_{62} \times b_{63} \times b_{64} \times b_{65} \times b_{66})^{\frac{1}{6}}$$

$$= (5 \times 5 \times 5 \times 5 \times 5 \times 1)^{\frac{1}{6}} = 3.82362246;$$

得到指标权重，见表 B-6。

表 B-6　　　　　　　　评价二级技术指标（A1）权重

评价二级指标	权　重	评价二级指标	权　重
B1	0.43382854	**B**4	0.60696223
B2	1.08148375	**B**5	0.54074187
B3	1.69838134	**B**6	3.82362246

对权重做归一化处理后得到评价二级技术指标 **B**1、**B**2、**B**3、**B**4、**B**5、**B**6 相对于 **A**1 归一化后的权重 w_{b1}、w_{b2}、w_{b3}、w_{b4}、w_{b5}、w_{b6}，见表 B-7。

表 B-7　　　　　　　评价二级技术指标（A1）归一化权重

评价二级指标	归一化权重	评价二级指标	归一化权重
B1	0.05300275	**B**4	0.07415525
B2	0.13212964	**B**5	0.06606482
B3	0.20749873	**B**6	0.46714881

对矩阵做一致性检验得到 $\lambda_{max} = 6.47998435$，$CI = 0.09599687$，$CR = 0.07741683 <$ 0.1，一致性校验通过，矩阵数值有效。

（2）经济指标。经济指标 **A**2 的下一层为 **B**7～**B**9，评价二级经济指标（A2）判断矩阵见表 B-8。

表 B-8　　　　　　　　评价二级经济指标（A2）判断矩阵

A2	**B**7	**B**8	**B**9
B7	1	1	1/3
B8	1	1	1/3
B9	3	3	1

分别计算评价二级指标 **B**7、**B**8、**B**9 相对于 **A**2 的权重值，见表 B-9。

对上述权重做归一化处理后得到权重，见表 B-10。

<table>
<tr><td colspan="2">表 B-9　　评价二级经济指标（A2）权重</td><td colspan="2">表 B-10　评价二级经济指标（A2）归一化权重</td></tr>
<tr><td>评价二级指标</td><td>权重</td><td>评价二级指标</td><td>归一化后权重</td></tr>
<tr><td>B7</td><td>0.69336127</td><td>B7</td><td>0.20000000</td></tr>
<tr><td>B8</td><td>0.69336127</td><td>B8</td><td>0.20000000</td></tr>
<tr><td>B9</td><td>2.08008382</td><td>B9</td><td>0.60000000</td></tr>
</table>

对矩阵做一致性检验得到 $\lambda_{max}=3$，$CI=0$，$CR=0<0.1$，一致性校验通过，矩阵数值有效。

（3）产业指标。产业指标 A3 的下一层为 B10～B13，评价二级产业指标（A3）权重见表 B-11。

表 B-11　　　　　　　　　　评价二级产业指标（A3）权重值

A3	B10	B11	B12	B13
B10	1	3	2	4
B11	1/3	1	1/2	3
B12	1/2	2	1	2
B13	1/4	1/3	1/2	1

得到权重，见表 B-12。

对上述权重做归一化处理后得到权重，见表 B-13。

<table>
<tr><td colspan="2">表 B-12　评价二级产业指标（A3）权重</td><td colspan="2">表 B-13　评价二级指标（A3）归一化权重</td></tr>
<tr><td>评价二级指标</td><td>权重</td><td>评价二级指标</td><td>归一化权重</td></tr>
<tr><td>B10</td><td>2.21336384</td><td>B10</td><td>0.47140305</td></tr>
<tr><td>B11</td><td>0.84089641</td><td>B11</td><td>0.17909443</td></tr>
<tr><td>B12</td><td>1.18920711</td><td>B12</td><td>0.25327777</td></tr>
<tr><td>B13</td><td>0.45180100</td><td>B13</td><td>0.09622475</td></tr>
</table>

对矩阵做一致性检验得到 $\lambda_{max}=4.12326016$，$CI=0.04108672$，$CR=0.04565191<0.1$，一致性校验通过，矩阵数值有效。

利用同一层次中所有层次单排序的结果，就可以计算针对评价目标 M 而言，本层次所有因素重要性的权重，结果见表 B-14。其中二级指标 B1 相对于评价目标 M 的权重计算方法为 $w_{A1} \times w_{B1}$，其余以此类推。

表 B-14　　　　　　　　　　　重 要 性 权 重

评价二级指标	A1	A2	A3	二级指标相对于评价目标 M 的权重
	0.62501307	0.13649980	0.23848712	
B1	0.05300275			0.03312741
B2	0.13212964			0.08258275

评价二级指标	**A**1	**A**2	**A**3	二级指标相对于评价目标 **M** 的权重
	0.62501307	0.13649980	0.23848712	
B3	0.20749873			0.12968942
B4	0.07415525			0.04634800
B5	0.06606482			0.04129138
B6	0.46714881			0.29197412
B7		0.20000000		0.02729996
B8		0.20000000		0.02729996
B9		0.60000000		0.08189988
B10			0.47140305	0.11242356
B11			0.17909443	0.04271172
B12			0.25327777	0.06040349
B13			0.09622475	0.02294836

根据表 B-14，可以得出通信技术匹配度要素指标和权重归纳，见表 B-15。

表 B-15　　　　　　　　　通信技术匹配度要素指标和权重

评价目标	评价一级指标	评价二级指标	权重
通信技术匹配度 **M**	技术指标 **A**1	带宽 **B**1	0.03312741
		时延 **B**2	0.08258275
		可靠性 **B**3	0.12968942
		容量 **B**4	0.04634800
		覆盖范围 **B**5	0.04129138
		安全性 **B**6	0.29197412
	经济指标 **A**2	产品成本 **B**7	0.02729996
		施工难度 **B**8	0.02729996
		运维难度 **B**9	0.08189988
	产业指标 **A**3	产品国产化 **B**10	0.11242356
		产品制造 **B**11	0.04271172
		产品设计 **B**12	0.06040349
		产品服务 **B**13	0.02294836

为了对不同通信技术的匹配度做出量化评价，对不同技术的二级评价指标分别按照满足指标的百分比打分，打分结果与表 B-15 中权重依次相乘并求和，得到不同通信技术的匹配度，见表 B-16。

表 B‐16   计 算 结 果

评价指标	光纤专网	无线公网	230MHz 无线专网	1.8GHz 无线专网	权重
带宽 **B**1	100	80	60	80	0.03312741
时延 **B**2	100	60	80	80	0.08258275
可靠性 **B**3	100	60	80	80	0.12968942
容量 **B**4	100	100	80	80	0.04634800
覆盖范围 **B**5	40	100	80	80	0.04129138
安全性 **B**6	100	40	100	100	0.29197412
产品成本 **B**7	60	100	80	80	0.02729996
施工难度 **B**8	40	100	80	80	0.02729996
运维难度 **B**9	80	100	80	80	0.08189988
产品国产化 **B**10	100	80	100	80	0.11242356
产品制造 **B**11	100	100	60	80	0.04271172
产品设计 **B**12	80	40	100	80	0.06040349
后期服务 **B**13	80	60	60	60	0.02294836
通信技术匹配得分	91.48748679	66.53750310	87.32027346	85.38051506	

通过表 B‐16 匹配度得分可以得出与配电自动化"三遥"业务匹配度最高的远程通信接入网远程通信技术为光纤专网,其次为 230MHz 和 1800MHz 无线专网。

2. 配电自动化"二遥"

同配电自动化"三遥"应用场景模型求解过程(求解过程下同),得到配电自动化"二遥"业务终端通信接入网远程通信技术匹配计算相关表格,见表 B‐17~表 B‐21。

表 B‐17   评价一级指标判断矩阵计算结果

M1	**A**1	**A**2	**A**3	归一化权重
A1	1	1/3	1/2	0.16342412
A2	3	1	2	0.53961455
A3	2	1/2	1	0.29696133

表 B‐18   评价二级技术指标 (A1) 判断矩阵计算结果

A1	**B**1	**B**2	**B**3	**B**4	**B**5	**B**6	归一化权重
B1	1	2	2	1/3	1/4	3	0.14560181
B2	1/2	1	1/2	1/3	1/4	2	0.08572975
B3	1/2	2	1	1/2	1/2	2	0.12971646
B4	3	3	2	1	1/2	2	0.23571046
B5	4	4	2	2	1	2	0.32686500
B6	1/3	1/2	1/2	1/2	1/2	1	0.07637652

表 B-19 评价二级经济指标（A2）判断矩阵计算结果

A2	B7	B8	B9	归一化权重
B7	1	1/2	1/3	0.16342412
B8	2	1	1/2	0.29696133
B9	3	2	1	0.53961455

表 B-20 评价二级产业指标（A3）判断矩阵计算结果

A3	B10	B11	B12	B13	归一化权重
B10	1	1/2	1/4	1/2	0.10724075
B11	2	1	1/2	2	0.25506293
B12	4	2	1	3	0.47472561
B13	2	1/2	1/3	1	0.16297070

表 B-21 匹配计算结果

评价指标	光纤专网	无线公网	230MHz无线专网	1.8GHz无线专网	权重
带宽 B1	100	80	60	80	0.02379485
时延 B2	100	60	80	80	0.01401031
可靠性 B3	100	60	80	80	0.02119880
容量 B4	100	100	80	80	0.03852077
覆盖范围 B5	40	100	80	80	0.05341762
安全性 B6	100	40	100	100	0.01248177
产品成本 B7	60	100	80	80	0.08818603
施工难度 B8	40	100	80	80	0.16024466
运维难度 B9	80	100	80	80	0.29118386
产品国产化 B10	100	80	100	80	0.03184636
产品制造 B11	100	100	60	80	0.07574383
产品设计 B12	80	40	100	80	0.14097515
后期服务 B13	80	60	60	60	0.04839600
通信技术匹配得分	74.04172172	86.33555684	80.74737201	79.28171539	

通过表 B-21 匹配度得分可以得出与配电自动化"二遥"业务匹配度最高的终端通信接入网远程通信技术为无线公网，其次为无线专网，也可共用"三遥"业务光纤专网资源。

B.2 精准负荷控制

1. 精准负荷控制（毫秒级）

精准负荷控制（毫秒级）业务终端通信接入网远程通信技术匹配计算相关表格见表 B-22～表 B-26。

表 B-22　　　　　　　　　评价一级指标判断矩阵计算结果

M1	A1	A2	A3	归一化权重
A1	1	3	4	0.61441066
A2	1/3	1	3	0.26836857
A3	1/4	1/3	1	0.11722077

表 B-23　　　　　　评价二级技术指标（A1）判断矩阵计算结果

A1	B1	B2	B3	B4	B5	B6	归一化权重
B1	1	1/5	1/4	3	2	1/5	0.07609744
B2	5	1	2	5	5	1	0.30525880
B3	4	1/2	1	4	4	1/5	0.16571998
B4	1/3	1/5	1/4	1	1	1/5	0.04700651
B5	1/2	1/5	1/4	1	1	1/5	0.05029288
B6	5	1	5	5	5	1	0.35562439

表 B-24　　　　　　评价二级经济指标（A2）判断矩阵计算结果

A2	B7	B8	B9	归一化权重
B7	1	1/3	1/3	0.13964794
B8	3	1	2	0.52783613
B9	3	1/2	1	0.33251593

表 B-25　　　　　　评价二级产业指标（A3）判断矩阵计算结果

A3	B10	B11	B12	B13	归一化权重
B10	1	3	2	4	0.47140305
B11	1/3	1	1/2	3	0.17909443
B12	1/2	2	1	2	0.25327777
B13	1/4	1/3	1/2	1	0.09622475

表 B-26　　　　　　　　　　匹　配　计　算　结　果

评价指标	光纤专网	无线公网	230MHz 无线专网	1.8GHz 无线专网	权重
带宽 B1	100	80	60	80	0.04675508
时延 B2	100	60	80	80	0.18755426
可靠性 B3	100	60	80	80	0.10182012
容量 B4	100	100	80	80	0.02888130
覆盖范围 B5	40	100	80	80	0.03090048
安全性 B6	100	40	100	100	0.21849941
产品成本 B7	60	100	80	80	0.03747712
施工难度 B8	40	100	80	80	0.14165463
运维难度 B9	80	100	80	80	0.08923683

续表

评价指标	光纤专网	无线公网	230MHz 无线专网	1.8GHz 无线专网	权重
产品国产化 $B10$	100	80	100	80	0.05525823
产品制造 $B11$	100	100	60	80	0.02099359
产品设计 $B12$	80	40	100	80	0.02968942
后期服务 $B13$	80	60	60	60	0.01127954
通信技术匹配得分	85.54349290	71.04224736	84.48837700	84.14439746	

通过表 B-26 匹配度得分可以得出与精准负荷控制（毫秒级）业务匹配度最高的终端通信接入网通信技术为光纤专网，其次为无线专网。

2. 精准负荷控制（分钟级）

精准负荷控制（分钟级）业务终端通信接入网远程通信技术匹配计算相关表格见表 B-27~表 B-31。

表 B-27　　　　　　　评价一级指标判断矩阵计算结果

$M1$	$A1$	$A2$	$A3$	归一化权重
$A1$	1	4	3	0.62501307
$A2$	1/4	1	1/2	0.13649980
$A3$	1/3	2	1	0.23848712

表 B-28　　　　　　评价二级技术指标（A1）判断矩阵计算结果

$A1$	$B1$	$B2$	$B3$	$B4$	$B5$	$B6$	归一化权重
$B1$	1	1/2	1/4	2	1/4	1/3	0.07177388
$B2$	2	1	1/3	5	1/3	1/2	0.12405889
$B3$	4	3	1	4	1/2	1	0.23238523
$B4$	1/2	1/5	1/4	1	1/4	1/4	0.04660974
$B5$	4	3	2	4	1	1/4	0.23238523
$B6$	3	2	1	4	4	1	0.29278704

表 B-29　　　　　　评价二级经济指标（A2）判断矩阵计算结果

$A2$	$B7$	$B8$	$B9$	归一化权重
$B7$	1	1/3	1/3	0.13964794
$B8$	3	1	2	0.52783613
$B9$	3	1/2	1	0.33251593

表 B-30　　　　　　评价二级产业指标（A3）判断矩阵计算结果

$A3$	$B10$	$B11$	$B12$	$B13$	归一化权重
$B10$	1	3	2	4	0.47140305
$B11$	1/3	1	1/2	3	0.17909443
$B12$	1/2	2	1	2	0.25327777
$B13$	1/4	1/3	1/2	1	0.09622475

表 B-31 匹 配 计 算 结 果

评价指标	光纤专网	无线公网	230MHz 无线专网	1.8GHz 无线专网	权重
带宽 $B1$	100	80	60	80	0.04485961
时延 $B2$	100	60	80	80	0.07753843
可靠性 $B3$	100	60	80	80	0.14524380
容量 $B4$	100	100	80	80	0.02913169
覆盖范围 $B5$	40	100	80	80	0.14524380
安全性 $B6$	100	40	100	100	0.18299573
产品成本 $B7$	60	100	80	80	0.01906192
施工难度 $B8$	40	100	80	80	0.07204953
运维难度 $B9$	80	100	80	80	0.04538836
产品国产化 $B10$	100	80	100	80	0.11242356
产品制造 $B11$	100	100	60	80	0.04271172
产品设计 $B12$	80	40	100	80	0.06040349
后期服务 $B13$	80	60	60	60	0.02294836
通信技术匹配得分	83.62511920	72.42115987	84.90606159	83.20094729	

通过表 B-31 匹配度得分可以得出与精准负荷控制（分钟级）业务匹配度最高的终端通信接入网通信技术为无线专网，其次为光纤专网。

B.3 分布式电源及储能

分布式电源及蓄能业务终端通信接入网远程通信技术匹配计算相关表格见表 B-32～表 B-36。

表 B-32 评价一级指标判断矩阵计算结果

$M1$	$A1$	$A2$	$A3$	归一化权重
$A1$	1	2	1	0.41259895
$A2$	1/2	1	1	0.25992105
$A3$	1	1	1	0.32748000

表 B-33 评价二级技术指标（A1）判断矩阵计算结果

$A1$	$B1$	$B2$	$B3$	$B4$	$B5$	$B6$	归一化权重
$B1$	1	1/3	1/3	1	1/2	1/2	0.03352694
$B2$	3	1	1/2	3	2	2	0.09862562
$B3$	3	2	1	3	2	2	0.12426049
$B4$	1	1/3	1/3	1	1/2	1/2	0.03352694
$B5$	2	1/2	1/2	2	1	1/2	0.05427577
$B6$	2	1/2	1/2	2	2	1	0.06838319

表 B-34　　　　　　　评价二级经济指标（A2）判断矩阵计算结果

A2	B7	B8	B9	归一化权重
B7	1	2	1/2	0.29696133
B8	1/2	1	1/3	0.16342412
B9	2	3	1	0.53961455

表 B-35　　　　　　　评价二级产业指标（A3）判断矩阵计算结果

A3	B10	B11	B12	B13	归一化权重
B10	1	2	2	3	0.42253588
B11	1/2	1	1/2	1/2	0.13498819
B12	1/2	2	1	2	0.26997638
B13	1/3	2	1/2	1	0.17249955

表 B-36　　　　　　　　　　　匹配计算结果

评价指标	光纤专网	无线公网	230MHz无线专网	1.8GHz无线专网	权重
带宽 B1	100	80	60	80	0.03352694
时延 B2	100	60	80	80	0.09862562
可靠性 B3	100	60	80	80	0.12426049
容量 B4	100	100	80	80	0.03352694
覆盖范围 B5	40	100	80	80	0.05427577
安全性 B6	100	40	100	100	0.06838319
产品成本 B7	60	100	80	80	0.07718650
施工难度 B8	40	100	80	80	0.04247737
运维难度 B9	80	100	80	80	0.14025718
产品国产化 B10	100	80	100	80	0.13837205
产品制造 B11	100	100	60	80	0.04420593
产品设计 B12	80	40	100	80	0.08841187
后期服务 B13	80	60	60	60	0.05649015
通信技术匹配得分	85.40416765	75.97926645	83.21888152	80.23786065	

通过表 B-36 匹配度得分可以得出与分布式电源及蓄能业务匹配度最高的终端通信接入网远程通信技术为光纤专网，其次为无线专网；若无控制业务，可选用无线公网。

B.4　输电线路在线监测

输电线路在线监测业务终端通信接入网远程通信技术匹配计算相关表格见表 B-37～表 B-41。

表 B-37 评价一级指标判断矩阵计算结果

M1	A1	A2	A3	归一化权重
A1	1	1/4	2	0.21844266
A2	4	1	3	0.63009766
A3	1/2	1/3	1	0.15145968

表 B-38 评价二级技术指标（A1）判断矩阵计算结果

A1	B1	B2	B3	B4	B5	B6	归一化权重
B1	1	3	1/2	5	2	5	0.27799726
B2	1/3	1	1/2	3	1/2	5	0.14050183
B3	2	2	1	2	2	4	0.27074491
B4	1/5	1/3	1/2	1	1/5	3	0.07052915
B5	1/2	2	1/2	5	1	4	0.19869959
B6	1/5	1/5	1/4	1/3	1/4	1	0.04152727

表 B-39 评价二级经济指标（A2）判断矩阵计算结果

A2	B7	B8	B9	归一化权重
B7	1	1/3	1/5	0.10065393
B8	3	1	1/4	0.22553550
B9	5	4	1	0.67381057

表 B-40 评价二级产业指标（A3）判断矩阵计算结果

A3	B10	B11	B12	B13	归一化权重
B10	1	1/2	1/4	1/2	0.10724075
B11	2	1	1/2	2	0.25506293
B12	4	2	1	3	0.47472561
B13	2	1/2	1/3	1	0.16297070

表 B-41 匹 配 计 算 结 果

评价指标	光纤专网	无线公网	230MHz 无线专网	1.8GHz 无线专网	权重
带宽 B1	100	80	60	80	0.06072646
时延 B2	100	60	80	80	0.03069159
可靠性 B3	100	60	80	80	0.05914224
容量 B4	100	100	80	80	0.01540657
覆盖范围 B5	40	100	80	80	0.04340447
安全性 B6	100	40	100	100	0.00907133
产品成本 B7	60	100	80	80	0.06342181
施工难度 B8	40	100	80	80	0.14210939
运维难度 B9	80	100	80	80	0.42456646

评价指标	光纤专网	无线公网	230MHz 无线专网	1.8GHz 无线专网	权重
产品国产化 $B10$	100	80	100	80	0.01624265
产品制造 $B11$	100	100	60	80	0.03863175
产品设计 $B12$	80	40	100	80	0.07190179
后期服务 $B13$	80	60	60	60	0.02468349
通信技术匹配得分	75.90926147	89.02153795	79.46348134	79.68775675	

由表 B-41 匹配度得分可以得出与输电线路在线监测业务匹配度最高的终端通信接入网远程通信技术为无线专网，其次为无线公网，在条件允许情况下也可采用光纤专网接入就近变电站。

B.5 电缆隧道环境监测

电缆隧道环境监测业务终端通信接入网远程通信技术匹配计算相关表格见表 B-42～表 B-46。

表 B-42   评价一级指标判断矩阵计算结果

$M1$	$A1$	$A2$	$A3$	归一化权重
$A1$	1	3	2	0.53961455
$A2$	1/3	1	1/2	0.16342412
$A3$	1/2	2	1	0.29696133

表 B-43   评价二级技术指标 ($A1$) 判断矩阵计算结果

$A1$	$B1$	$B2$	$B3$	$B4$	$B5$	$B6$	归一化权重
$B1$	1	3	1/2	5	2	5	0.28807579
$B2$	1/3	1	1/2	3	1/2	3	0.13371294
$B3$	2	2	1	2	2	3	0.26742588
$B4$	1/5	1/3	1/2	1	1/5	2	0.06831032
$B5$	1/2	2	1/2	5	1	2	0.18343895
$B6$	1/5	1/3	1/3	1/2	1/2	1	0.05903612

表 B-44   评价二级经济指标 ($A2$) 判断矩阵计算结果

$A2$	$B7$	$B8$	$B9$	归一化权重
$B7$	1	2	1/2	0.29696133
$B8$	1/2	1	1/3	0.16342412
$B9$	2	3	1	0.53961455

表 B - 45　　　　　评价二级产业指标（A3）判断矩阵计算结果

A3	B10	B11	B12	B13	归一化权重
B10	1	1/2	1/4	1/2	0.10724075
B11	2	1	1/2	2	0.25506293
B12	4	2	1	3	0.47472561
B13	2	1/2	1/3	1	0.16297070

表 B - 46　　　　　匹 配 计 算 结 果

评价指标	光纤专网	无线公网	230MHz 无线专网	1.8GHz 无线专网	权重
带宽 B1	100	80	60	80	0.15544989
时延 B2	100	60	80	80	0.07215345
可靠性 B3	100	60	80	80	0.14430689
容量 B4	100	100	80	80	0.03686124
覆盖范围 B5	40	80	80	80	0.09898633
安全性 B6	100	40	100	100	0.03185675
产品成本 B7	60	100	80	80	0.04853064
施工难度 B8	40	100	80	80	0.02670744
运维难度 B9	80	100	80	80	0.08818603
产品国产化 B10	100	80	100	80	0.03184636
产品制造 B11	100	100	60	80	0.07574383
产品设计 B12	80	40	100	80	0.14097515
后期服务 B13	80	60	60	60	0.04839600
通信技术匹配得分	84.96600455	75.28990767	78.50177082	79.66921505	

　　由表 B - 46 匹配度得分可以得出与电缆隧道环境监测业务匹配度最高的终端通信接入网远程通信技术为光纤专网，其次为无线专网、无线公网。

B.6　配 电 环 境 监 测

　　配电环境监测业务终端通信接入网远程通信技术匹配计算相关表格见表 B - 47～表 B - 51。

表 B - 47　　　　　评价一级指标判断矩阵计算结果

M1	A1	A2	A3	归一化权重
A1	1	1/2	3	0.33251593
A2	2	1	3	0.52783613
A3	1/3	1/3	1	0.13964794

表 B-48　　　　　　　评价二级技术指标（A1）判断矩阵计算结果

A1	B1	B2	B3	B4	B5	B6	归一化权重
B1	1	3	2	1/2	1/2	4	0.18224073
B2	1/3	1	1/2	1/4	1/4	3	0.07587439
B3	1/2	2	1	1/3	1/3	3	0.11257277
B4	2	4	3	1	1/2	4	0.25772731
B5	2	4	3	2	1	4	0.32471606
B6	1/4	1/3	1/3	1/4	1/4	1	0.04686873

表 B-49　　　　　　　评价二级经济指标（A2）判断矩阵计算结果

A2	B7	B8	B9	归一化权重
B7	1	2	1/2	0.31081368
B8	1/2	1	1/2	0.19580035
B9	2	2	1	0.49338597

表 B-50　　　　　　　评价二级产业指标（A3）判断矩阵计算结果

A3	B10	B11	B12	B13	归一化权重
B10	1	1/3	1/3	1/2	0.10505822
B11	3	1	1/2	2	0.28479247
B12	3	2	1	3	0.44572430
B13	2	1/2	1/3	1	0.16442501

表 B-51　　　　　　　匹　配　计　算　结　果

评价指标	光纤专网	无线公网	230MHz 无线专网	1.8GHz 无线专网	权重
带宽 B1	100	80	60	80	0.06059795
时延 B2	100	60	80	80	0.02522944
可靠性 B3	100	60	80	80	0.03743224
容量 B4	100	100	80	80	0.08569844
覆盖范围 B5	40	100	80	80	0.10797326
安全性 B6	100	40	100	100	0.01558460
产品成本 B7	60	100	80	80	0.16405869
施工难度 B8	40	100	80	80	0.10335050
运维难度 B9	80	100	80	80	0.26042694
产品国产化 B10	100	80	100	80	0.01467116
产品制造 B11	100	100	60	80	0.03977068
产品设计 B12	80	40	100	80	0.06224448
后期服务 B13	80	60	60	60	0.02296161
通信技术匹配得分	73.84556581	90.39994120	79.38340005	79.85245969	

由表 B-51 匹配度得分可以得出与配电环境监测业务匹配度最高的终端通信接入网远程通信技术为无线公网，其次为无线专网和光纤专网。

B.7 变电站/换流站综合监测

变电站/换流站综合监测业务终端通信接入网远程通信从站所机房直接进入数据网，无需考虑远程通信技术。

B.8 用 电 信 息 采 集

用电信息采集业务终端通信接入网远程通信技术匹配计算相关表格见表 B-52～表 B-56。

表 B-52 评价一级指标判断矩阵计算结果

M1	A1	A2	A3	归一化权重
A1	1	1/4	1/3	0.12195719
A2	4	1	2	0.55842454
A3	3	1/2	1	0.31961826

表 B-53 评价二级技术指标 (A1) 判断矩阵计算结果

A1	B1	B2	B3	B4	B5	B6	归一化权重
B1	1	2	2	1/4	1/5	3	0.11425049
B2	1/2	1	1/2	1/4	1/5	2	0.06727022
B3	1/2	2	1	1/4	1/5	2	0.08475517
B4	4	4	4	1	1/3	4	0.26102733
B5	5	5	5	3	1	4	0.42090240
B6	1/3	1/2	1/2	1/4	1/4	1	0.05179438

表 B-54 评价二级经济指标 (A2) 判断矩阵计算结果

A2	B7	B8	B9	归一化权重
B7	1	4	3	0.61441066
B8	1/4	1	1/3	0.11722077
B9	1/3	3	1	0.26836857

表 B-55 评价二级产业指标 (A3) 判断矩阵计算结果

A3	B10	B11	B12	B13	归一化权重
B10	1	1/3	1/2	1	0.13913859
B11	3	1	2	3	0.44854242
B12	2	1/2	1	3	0.28659309
B13	1	1/3	1/3	1	0.12572590

表 B - 56　　　　　　　　　　匹 配 计 算 结 果

评价指标	光纤专网	无线公网	230MHz 无线专网	1.8GHz 无线专网	权重
带宽 B1	100	80	60	80	0.01393367
时延 B2	100	60	80	80	0.00820409
可靠性 B3	100	60	80	80	0.01033650
容量 B4	100	100	80	80	0.03183416
覆盖范围 B5	40	100	80	80	0.05133208
安全性 B6	100	40	100	100	0.00631670
产品成本 B7	60	100	80	80	0.34310199
施工难度 B8	40	100	80	80	0.06545896
运维难度 B9	80	100	80	80	0.14986360
产品国产化 B10	100	80	100	80	0.04447123
产品制造 B11	100	100	60	80	0.14336235
产品设计 B12	80	40	100	80	0.09160039
后期服务 B13	80	60	60	60	0.04018430
通信技术匹配得分	73.63549296	90.60788158	78.89816002	79.32264804	

由表 B - 56 匹配度得分可以得出与用电信息采集业务匹配度最高的终端通信接入网远程通信技术为无线公网，其次为无线专网。

B.9　电动汽车充电站（桩）

1. 电动汽车充电站

电动汽车充电站业务终端通信接入网远程通信技术匹配计算相关表格见表 B - 57～表 B - 61。

表 B - 57　　　　　　　　评价一级指标判断矩阵计算结果

M1	A1	A2	A3	归一化权重
A1	1	1	3	0.44342911
A2	1	1	2	0.38737101
A3	1/3	1/2	1	0.16919987

表 B - 58　　　　　　　评价二级技术指标（A1）判断矩阵计算结果

A1	B1	B2	B3	B4	B5	B6	归一化权重
B1	1	2	2	4	3	4	0.32383575
B2	1/2	1	1	4	3	4	0.22898646
B3	1/2	1	1	4	3	4	0.22898646
B4	1/4	1/4	1/4	1	1/2	1	0.06005828
B5	1/3	1/3	1/3	2	1	2	0.09807477
B6	1/4	1/4	1/4	1	1/2	1	0.06005828

表 B-59　　　　　评价二级经济指标（A2）判断矩阵计算结果

A2	B7	B8	B9	归一化权重
B7	1	1/2	1/3	0.16342412
B8	2	1	1/2	0.29696133
B9	3	2	1	0.53961455

表 B-60　　　　　评价二级产业指标（A3）判断矩阵计算结果

A3	B10	B11	B12	B13	归一化权重
B10	1	1/3	1/3	1/2	0.10505822
B11	3	1	1/2	2	0.28479247
B12	3	2	1	3	0.44572430
B13	2	1/2	1/3	1	0.16442501

表 B-61　　　　　　　匹配计算结果

评价指标	光纤专网	无线公网	230MHz 无线专网	1.8GHz 无线专网	权重
带宽 B1	100	80	60	80	0.14359820
时延 B2	100	60	80	80	0.10153926
可靠性 B3	100	60	80	80	0.10153926
容量 B4	100	100	80	80	0.02663159
覆盖范围 B5	40	100	80	80	0.04348921
安全性 B6	100	40	100	100	0.02663159
产品成本 B7	60	100	80	80	0.06330577
施工难度 B8	40	100	80	80	0.11503421
运维难度 B9	80	100	80	80	0.20903103
产品国产化 B10	100	80	100	80	0.01777584
产品制造 B11	100	100	60	80	0.04818685
产品设计 B12	80	40	100	80	0.07541650
后期服务 B13	80	60	60	60	0.02782069
通信技术匹配得分	81.71099981	81.41366547	78.00436371	79.97621803	

由表 B-61 匹配度得分可以得出与电动汽车充电站业务匹配度最高的终端通信接入网通信技术为随电源引入同步敷设的光纤专网，也可选择无线公网、无线专网。

2. 电动汽车充电桩

电动汽车充电桩业务终端通信接入网远程通信技术匹配计算相关表格见表 B-62～表 B-66。

表 B-62　　　　　评价一级指标判断矩阵计算结果

M1	A1	A2	A3	归一化权重
A1	1	1/3	1/2	0.16342412

续表

M1	A1	A2	A3	归一化权重
A2	3	1	2	0.53961455
A3	2	1/2	1	0.29696133

表 B-63　　　　　　　　评价二级技术指标（A1）判断矩阵计算结果

A1	B1	B2	B3	B4	B5	B6	归一化权重
B1	1	1	1/3	1/5	1/5	3	0.07709429
B2	1	1	1/3	1/5	1/5	3	0.07709429
B3	3	3	1	1/2	1/2	3	0.18122975
B4	5	5	2	1	1/2	3	0.27072129
B5	5	5	2	2	1	3	0.34108745
B6	1/3	1/3	1/3	1/3	1/3	1	0.05277292

表 B-64　　　　　　　　评价二级经济指标（A2）判断矩阵计算结果

A2	B7	B8	B9	归一化权重
B7	1	1/3	1/2	0.16342412
B8	3	1	2	0.53961455
B9	2	1/2	1	0.29696133

表 B-65　　　　　　　　评价二级产业指标（A3）判断矩阵计算结果

A3	B10	B11	B12	B13	归一化权重
B10	1	1/3	1	1/2	0.14114486
B11	3	1	3	2	0.45501008
B12	1	1/3	1	1/2	0.14114486
B13	2	1/2	2	1	0.26270019

表 B-66　　　　　　　　匹　配　计　算　结　果

评价指标	光纤专网	无线公网	230MHz无线专网	1.8GHz无线专网	权重
带宽 B1	100	80	60	80	0.01259907
时延 B2	100	60	80	80	0.01259907
可靠性 B3	100	60	80	80	0.02961731
容量 B4	100	100	80	80	0.04424239
覆盖范围 B5	40	100	80	80	0.05574192
安全性 B6	100	40	100	100	0.00862437
产品成本 B7	60	100	80	80	0.08818603
施工难度 B8	40	100	80	80	0.29118386
运维难度 B9	80	100	80	80	0.16024466
产品国产化 B10	100	80	100	80	0.04191457

续表

评价指标	光纤专网	无线公网	230MHz无线专网	1.8GHz无线专网	权重
产品制造 $B11$	100	100	60	80	0.13512040
产品设计 $B12$	80	40	100	80	0.04191457
后期服务 $B13$	80	60	60	60	0.07801180
通信技术匹配得分	70.05359153	91.06826413	77.33444476	78.61225140	

由表 B-66 匹配度得分可以得出与电动汽车充电桩业务匹配度最高的终端通信接入网远程通信技术为无线公网，其次为无线专网。

B.10　智　能　巡　检

智能巡检业务终端通信接入网远程通信技术匹配计算相关表格见表 B-67～表 B-71。

表 B-67　　　　　　　　评价一级指标判断矩阵计算结果

$M1$	$A1$	$A2$	$A3$	归一化权重
$A1$	1	3	3	0.59363369
$A2$	1/3	1	1/2	0.15705579
$A3$	1/3	2	1	0.24931053

表 B-68　　　　　　　评价二级技术指标（A1）判断矩阵计算结果

$A1$	$B1$	$B2$	$B3$	$B4$	$B5$	$B6$	归一化权重
$B1$	1	1	2	5	1/5	4	0.17216274
$B2$	1	1	2	5	1/5	4	0.17216274
$B3$	1/2	1/2	1	4	1/5	3	0.11180195
$B4$	1/5	1/5	1/4	1	1/5	1/2	0.03849676
$B5$	5	5	5	5	1	4	0.44848456
$B6$	1/4	1/4	1/3	2	1/4	1	0.05689127

表 B-69　　　　　　　评价二级经济指标（A2）判断矩阵计算结果

$A2$	$B7$	$B8$	$B9$	归一化权重
$B7$	1	1/2	1/3	0.15705579
$B8$	2	1	1/3	0.24931053
$B9$	3	3	1	0.59363369

表 B-70　　　　　　　评价二级产业指标（A3）判断矩阵计算结果

$A3$	$B10$	$B11$	$B12$	$B13$	归一化权重
$B10$	1	1/2	1/2	1/2	0.13807119
$B11$	2	1	1/2	1/2	0.19526215
$B12$	2	2	1	2	0.39052429
$B13$	2	2	1/2	1	0.27614237

表 B-71   匹 配 计 算 结 果

评价指标	光纤专网	无线公网	230MHz 无线专网	1.8GHz 无线专网	权重
带宽 **B**1	100	80	60	80	0.10220160
时延 **B**2	100	60	80	80	0.10220160
可靠性 **B**3	100	60	80	80	0.06636940
容量 **B**4	100	100	80	80	0.02285297
覆盖范围 **B**5	40	100	80	80	0.26623554
安全性 **B**6	100	40	100	100	0.03377257
产品成本 **B**7	60	100	80	80	0.02466652
施工难度 **B**8	40	100	80	80	0.03915566
运维难度 **B**9	80	100	80	80	0.09323361
产品国产化 **B**10	100	80	100	80	0.03442260
产品制造 **B**11	100	100	60	80	0.04868091
产品设计 **B**12	80	40	100	80	0.09736182
后期服务 **B**13	80	60	60	60	0.06884520
通信技术匹配得分	75.50105463	79.90280457	78.91658564	79.29854746	

由表 B-71 匹配度得分可以得出与智能巡检业务匹配度最高的终端通信接入网远程通信技术为无线公网，其次为无线专网。

B.11 综 合 能 源 服 务

综合能源服务业务终端通信接入网远程通信技术匹配计算相关表格见表 B-72~表 B-76。

表 B-72   评价一级指标判断矩阵计算结果

M1	**A**1	**A**2	**A**3	归一化权重
A1	1	1/4	1/2	0.14285714
A2	4	1	2	0.57142857
A3	2	1/2	1	0.28571429

表 B-73   评价二级技术指标 (**A**1) 判断矩阵计算结果

A1	**B**1	**B**2	**B**3	**B**4	**B**5	**B**6	归一化权重
B1	1	3	2	1/3	1/3	3	0.15064424
B2	1/3	1	1/2	1/4	1/4	2	0.07040022
B3	1/2	2	1	1/3	1/3	2	0.10445088
B4	3	4	3	1	1/2	4	0.27373875
B5	3	4	3	2	1	4	0.34488922
B6	1/3	1/2	1/2	1/4	1/4	1	0.05587669

表 B-74　　　　　　　　评价二级经济指标（A2）判断矩阵计算结果

A2	B7	B8	B9	归一化权重
B7	1	1/3	1/4	0.11722077
B8	3	1	1/3	0.26836857
B9	4	3	1	0.61441066

表 B-75　　　　　　　　评价二级产业指标（A3）判断矩阵计算结果

A3	B10	B11	B12	B13	归一化权重
B10	1	1/3	1/2	1/3	0.10779910
B11	3	1	2	1/2	0.29222244
B12	2	1/2	1	1/2	0.18671352
B13	3	2	2	1	0.41326494

表 B-76　　　　　　　　匹　配　计　算　结　果

评价指标	光纤专网	无线公网	230MHz无线专网	1.8GHz无线专网	权重
带宽 B1	100	80	60	80	0.02152061
时延 B2	100	60	80	80	0.01005717
可靠性 B3	100	60	80	80	0.01492155
容量 B4	100	100	80	80	0.03910554
覆盖范围 B5	40	100	80	80	0.04926989
安全性 B6	100	40	100	100	0.00798238
产品成本 B7	60	100	80	80	0.06698330
施工难度 B8	40	100	80	80	0.15335347
运维难度 B9	80	100	80	80	0.35109180
产品国产化 B10	100	80	100	80	0.03079974
产品制造 B11	100	100	60	80	0.08349213
产品设计 B12	80	40	100	80	0.05334672
后期服务 B13	80	60	60	60	0.11807570
通信技术匹配得分	74.71298218	89.55166981	77.38080829	77.79813372	

由表 B-76 匹配度得分可以得出与综合能源服务业务匹配度最高的终端通信接入网远程通信技术为无线公网，其次为无线专网。

附录C 典型业务场景本地通信接入匹配模型计算过程

考虑到典型业务场景下存在多种类型业务（如变电站/换流站综合监控本地同时存在视频、传感器、告警等多种业务），对本地通信的需求差异较大。其中，采集感知类场景4种（C.1～C.4），控制告警类场景3种（C.5～C.7），音视频类业务4种（C.8～C.11）。可采用与远程通信相同的匹配模型和附录A中本地通信基础评分，进行本地通信技术匹配计算。

C.1 一般场景感知采集

一般场景感知采集业务特点是数据小颗粒、分钟级时延、可靠性要求一般、容量大、室内覆盖为主、通信隔离性要求低。业务终端通信接入网本地通信技术匹配计算相关表格见表C-1～表C-5。

表C-1　　　　　　　　评价一级指标判断矩阵计算结果

$M1$	$A1$	$A2$	$A3$	归一化权重
$A1$	1	1/2	1/2	0.20000000
$A2$	2	1	1	0.40000000
$A3$	2	1	1	0.40000000

表C-2　　　　　　评价二级技术指标（$A1$）判断矩阵计算结果

$A1$	$B1$	$B2$	$B3$	$B4$	$B5$	$B6$	归一化权重
$B1$	1	1/2	1/2	1/4	1/4	4	0.08073859
$B2$	2	1	1/2	1/4	1/4	4	0.10172425
$B3$	2	2	1	1/3	1/3	4	0.14106331
$B4$	4	4	3	1	1	5	0.31949915
$B5$	4	4	3	1	1	5	0.31949915
$B6$	1/4	1/4	1/4	1/5	1/5	1	0.03747553

表C-3　　　　　　评价二级经济指标（$A2$）判断矩阵计算结果

$A2$	$B7$	$B8$	$B9$	归一化权重
$B7$	1	2	2	0.49338597
$B8$	1/2	1	2	0.31081368
$B9$	1/2	1/2	1	0.19580035

表 C-4　　　　　　　评价二级产业指标（A3）判断矩阵计算结果

A3	B10	B11	B12	B13	归一化权重
B10	1	1/3	1/3	1	0.12360465
B11	3	1	2	3	0.44097458
B12	3	1/2	1	3	0.31181612
B13	1	1/3	1/3	1	0.12360465

表 C-5　　　　　　　　匹 配 计 算 结 果

指标	宽带载波	短距离无线	低功耗长距离无线	串口	本地以太网	权重
带宽 B1	60	80	40	40	100	0.01614772
时延 B2	100	100	40	100	80	0.02034485
可靠性 B3	80	80	80	80	100	0.02821266
容量 B4	80	100	100	60	80	0.06389983
覆盖范围 B5	60	80	100	40	80	0.06389983
安全性 B6	80	80	80	100	100	0.00749511
产品成本 B7	40	60	60	100	40	0.19735439
施工难度 B8	100	100	100	80	60	0.12432547
运维难度 B9	40	60	80	100	40	0.07832014
产品国产化 B10	100	80	60	100	100	0.04944186
产品制造 B11	80	80	60	100	100	0.17638983
产品设计 B12	100	80	60	80	80	0.12472645
后期服务 B13	100	100	80	100	100	0.04944186
通信技术匹配得分	74.73767774	79.64674973	72.62454939	87.09586216	73.02909028	

由表 C-5 匹配度得分可以得，对一般场景下的环境量、设备状态量、电气量感知和采集业务，本地通信技术优先采用串口通信技术和短距离无线通信技术，可采用宽带载波通信技术和低功耗长距离无线通信技术。

C.2　线 路 、线 缆 感 知 采 集

线路线缆感知采集业务特点是数据小颗粒、分钟级时延、可靠性要求一般、容量大、室外覆盖为主、通信隔离性要求低。业务终端通信接入网本地通信技术匹配计算相关表格见表 C-6～表 C-10。

表 C-6　　　　　　　评价一级指标判断矩阵计算结果

M1	A1	A2	A3	归一化权重
A1	1	1	2	0.38737101
A2	1	1	3	0.44342911
A3	1/2	1/3	1	0.16919987

表 C-7　　　　　　　评价二级技术指标（A1）判断矩阵计算结果

A1	B1	B2	B3	B4	B5	B6	归一化权重
B1	1	2	1/2	1/4	1/4	4	0.09910967
B2	1/2	1	1/3	1/5	1/5	3	0.06505755
B3	2	3	1	1/3	1/3	4	0.14704632
B4	4	5	3	1	1/2	5	0.28783344
B5	4	5	3	2	1	5	0.36264741
B6	1/4	1/3	1/4	1/5	1/5	1	0.03830562

表 C-8　　　　　　　评价二级经济指标（A2）判断矩阵计算结果

A2	B7	B8	B9	归一化权重
B7	1	1/2	1/4	0.13111169
B8	2	1	1/4	0.20812683
B9	4	4	1	0.66076149

表 C-9　　　　　　　评价二级产业指标（A3）判断矩阵计算结果

A3	B10	B11	B12	B13	归一化权重
B10	1	1/3	1/2	3	0.17343822
B11	3	1	2	4	0.45651507
B12	2	1/2	1	4	0.29168715
B13	1/3	1/4	1/4	1	0.07835956

表 C-10　　　　　　匹 配 计 算 结 果

指标	宽带载波	短距离无线	低功耗长距离无线	串口	本地以太网	权重
带宽 B1	60	80	40	40	100	0.03839221
时延 B2	100	100	40	100	80	0.02520141
可靠性 B3	80	80	80	80	100	0.05696148
容量 B4	80	100	100	60	80	0.11149833
覆盖范围 B5	60	80	100	40	80	0.14047909
安全性 B6	80	80	80	100	100	0.01483849
产品成本 B7	40	60	60	100	40	0.05813874
施工难度 B8	100	100	100	80	60	0.09228949
运维难度 B9	40	60	80	100	40	0.29300088
产品国产化 B10	100	80	60	100	100	0.02934572
产品制造 B11	80	80	60	100	100	0.07724229
产品设计 B12	100	80	60	80	80	0.04935343
后期服务 B13	100	100	80	100	100	0.01325843
通信技术匹配得分	66.56595881	77.82216082	80.05998975	80.83570037	68.70939784	

由表 C-10 匹配度得分可以得，线路、线缆感知采集场景下的感知采集业务，本地通信技术优先选择低功耗长距离通信技术，在环境条件允许下也可选择串口通信技术和短距离无线通信技术。

C.3 一般移动巡检采集

一般移动巡检采集业务（不含视频图像采集）特点是数据大颗粒、秒级时延、可靠性要求一般、容量小、室内外综合覆盖、通信隔离性要求低。业务终端通信接入网本地通信技术匹配计算相关表格见表 C-11～表 C-15。

表 C-11　　　　　评价一级指标判断矩阵计算结果

$M1$	$A1$	$A2$	$A3$	归一化权重
$A1$	1	4	3	0.62501307
$A2$	1/4	1	1/2	0.13649980
$A3$	1/3	2	1	0.23848712

表 C-12　　　　评价二级技术指标（A1）判断矩阵计算结果

$A1$	$B1$	$B2$	$B3$	$B4$	$B5$	$B6$	归一化权重
$B1$	1	2	2	4	3	4	0.32567816
$B2$	1/2	1	1/2	3	3	4	0.19555947
$B3$	1/2	2	1	3	3	4	0.24638949
$B4$	1/4	1/3	1/3	1	1/2	3	0.07983682
$B5$	1/3	1/3	1/3	2	1	3	0.10552848
$B6$	1/4	1/4	1/4	1/3	1/3	1	0.04700759

表 C-13　　　　评价二级经济指标（A2）判断矩阵计算结果

$A2$	$B7$	$B8$	$B9$	归一化权重
$B7$	1	3	1/3	0.26836857
$B8$	1/3	1	1/4	0.11722077
$B9$	3	4	1	0.61441066

表 C-14　　　　评价二级产业指标（A3）判断矩阵计算结果

$A3$	$B10$	$B11$	$B12$	$B13$	归一化权重
$B10$	1	1/3	1/2	2	0.16442501
$B11$	3	1	2	3	0.44572430
$B12$	2	1/2	1	3	0.28479247
$B13$	1/2	1/3	1/3	1	0.10505822

表 C-15   匹 配 计 算 结 果

指标	宽带载波	短距离无线	低功耗长距离无线	串口	本地以太网	权重
带宽 $B1$	60	80	40	40	100	0.20355311
时延 $B2$	100	100	40	100	80	0.12222722
可靠性 $B3$	80	80	80	80	100	0.15399665
容量 $B4$	80	100	100	60	80	0.04989906
覆盖范围 $B5$	60	80	100	40	80	0.06595668
安全性 $B6$	80	80	80	100	80	0.02938036
产品成本 $B7$	40	60	60	100	40	0.03663226
施工难度 $B8$	100	100	100	80	60	0.01600061
运维难度 $B9$	40	60	60	100	40	0.08386693
产品国产化 $B10$	100	80	60	100	100	0.03921325
产品制造 $B11$	80	80	60	100	100	0.10629951
产品设计 $B12$	100	80	60	80	80	0.06791934
后期服务 $B13$	100	100	80	100	100	0.02505503
通信技术匹配得分	75.19814574	81.85365467	64.60462682	77.07511876	86.00997820	

一般移动巡检业务首先要满足移动性需求，因此，由表 C-15 匹配度得分可以得，本地通信技术优先采用短距离无线通信技术。

C.4 新兴业务高速感知采集

新兴业务高速感知采集业务特点是数据大颗粒、百毫秒级时延、可靠性要求一般、容量小、室内外综合覆盖、通信隔离性要求低。业务终端通信接入网本地通信技术匹配计算相关表格见表 C-16～表 C-20。

表 C-16   评价一级指标判断矩阵计算结果

$M1$	$A1$	$A2$	$A3$	归一化权重
$A1$	1	2	3	0.53961455
$A2$	1/2	1	2	0.29696133
$A3$	1/3	1/2	1	0.16342412

表 C-17   评价二级技术指标（A1）判断矩阵计算结果

$A1$	$B1$	$B2$	$B3$	$B4$	$B5$	$B6$	归一化权重
$B1$	1	1	2	3	2	4	0.28156887
$B2$	1	1	1/3	1/2	1/2	3	0.11722883
$B3$	1/2	3	1	2	1/2	3	0.18977828
$B4$	1/3	2	1/2	1	1/2	3	0.13158491
$B5$	1/2	2	2	2	1	3	0.22348136
$B6$	1/4	1/3	1/3	1/3	1/3	1	0.05635774

表 C - 18　　　　　　　评价二级经济指标（A2）判断矩阵计算结果

A2	B7	B8	B9	归一化权重
B7	1	1/3	1/2	0.15705579
B8	3	1	3	0.59363369
B9	2	1/3	1	0.24931053

表 C - 19　　　　　　　评价二级产业指标（A3）判断矩阵计算结果

A3	B10	B11	B12	B13	归一化权重
B10	1	1/2	1/3	1/2	0.11818604
B11	2	1	1/3	1/2	0.16714030
B12	3	3	1	2	0.45308494
B13	2	2	1/2	1	0.26158871

表 C - 20　　　　　　　　　　匹 配 计 算 结 果

指标	宽带载波	短距离无线	低功耗长距离无线	串口	本地以太网	权重
带宽 B1	60	80	40	40	100	0.15193866
时延 B2	100	100	40	100	80	0.06325838
可靠性 B3	80	80	80	80	100	0.10240712
容量 B4	80	100	100	60	80	0.07100513
覆盖范围 B5	60	80	100	40	80	0.12059379
安全性 B6	80	80	80	100	100	0.03041146
产品成本 B7	40	60	60	100	40	0.04663950
施工难度 B8	100	100	100	80	60	0.17628625
运维难度 B9	40	60	80	100	40	0.07403559
产品国产化 B10	100	80	60	100	100	0.01931445
产品制造 B11	80	80	60	100	100	0.02731476
产品设计 B12	100	80	60	80	80	0.07404501
后期服务 B13	100	100	80	100	100	0.04274990
通信技术匹配得分	77.23542756	84.65249177	75.40354768	73.75307993	79.12999878	

由表 C - 20 匹配度得分可以得，新兴业务高速感知采集业务本地通信技术可优先选择短距离无线通信技术，根据实际部署环境情况，也可选择本地以太网通信技术、载波通信技术、低功耗长距离通信技术、串口通信技术。

C.5　分 钟 级 精 控

分钟级精控业务特点是数据中颗粒、百毫秒级时延、可靠性要求较高、容量小、室内覆盖为主、通信隔离性要求高。业务终端通信接入网本地通信技术匹配计算相关表格见表 C - 21～表 C - 25。

表 C - 21　　　　　　　　评价一级指标判断矩阵计算结果

M1	A1	A2	A3	归一化权重
A1	1	4	4	0.66076149
A2	1/4	1	2	0.20812683
A3	1/4	1/2	1	0.13111169

表 C - 22　　　　　　评价二级技术指标（A1）判断矩阵计算结果

A1	B1	B2	B3	B4	B5	B6	归一化权重
B1	1	1/3	1/4	3	1	1/4	0.08289398
B2	3	1	1/2	5	3	1/2	0.19697075
B3	4	2	1	4	3	1/3	0.23445958
B4	1/3	1/5	1/4	1	1/3	1/4	0.04395290
B5	1	1/3	1/3	3	1	1/4	0.08696532
B6	4	2	3	4	4	1	0.35475745

表 C - 23　　　　　　评价二级经济指标（A2）判断矩阵计算结果

A2	B7	B8	B9	归一化权重
B7	1	1/2	1/3	0.15705579
B8	2	1	1/3	0.24931053
B9	3	3	1	0.59363369

表 C - 24　　　　　　评价二级产业指标（A3）判断矩阵计算结果

A3	B10	B11	B12	B13	归一化权重
B10	1	3	2	4	0.46318418
B11	1/3	1	1/2	3	0.17597193
B12	1/2	2	1	3	0.27541096
B13	1/4	1/3	1/3	1	0.08543293

表 C - 25　　　　　　　　匹　配　计　算　结　果

指标	宽带载波	短距离无线	低功耗长距离无线	串口	本地以太网	权重
带宽 B1	60	80	40	40	100	0.05477315
时延 B2	100	100	40	100	80	0.13015069
可靠性 B3	80	80	80	80	100	0.15492186
容量 B4	80	100	100	60	80	0.02904239
覆盖范围 B5	60	80	100	40	80	0.05746334
安全性 B6	80	80	80	100	100	0.23441006
产品成本 B7	40	60	60	100	40	0.03268752
施工难度 B8	100	100	100	80	60	0.05188821
运维难度 B9	40	60	80	100	40	0.12355110

指标	宽带载波	短距离无线	低功耗长距离无线	串口	本地以太网	权重
产品国产化 $B10$	100	80	60	100	100	0.06072886
产品制造 $B11$	80	80	60	100	100	0.02307198
产品设计 $B12$	100	80	60	80	80	0.03610960
后期服务 $B13$	100	100	80	100	100	0.01120125
通信技术匹配得分	77.30729763	81.32087839	72.31896604	87.24572200	83.49483443	

由表 C-25 匹配度得分可以得，分钟级精准负荷控制业务本地通信技术优先采用串口通信技术和本地以太网通信技术，可选择短距离无线通信技术和载波通信技术。

C.6　一　般　控　制

一般控制业务特点是数据小颗粒、秒级时延、可靠性要求较高、容量小、室内覆盖为主、通信隔离性要求高。业务终端通信接入网本地通信技术匹配计算相关表格见表 C-26～表 C-30。

表 C-26　　　　　　　　评价一级指标判断矩阵计算结果

$M1$	$A1$	$A2$	$A3$	归一化权重
$A1$	1	4	4	0.66076149
$A2$	1/4	1	2	0.20812683
$A3$	1/4	1/2	1	0.13111169

表 C-27　　　　　　　评价二级技术指标（A1）判断矩阵计算结果

$A1$	$B1$	$B2$	$B3$	$B4$	$B5$	$B6$	归一化权重
$B1$	1	1/3	1/4	3	1	1/4	0.08289398
$B2$	3	1	1/2	5	3	1/2	0.19697075
$B3$	4	2	1	4	3	1/3	0.23445958
$B4$	1/3	1/5	1/4	1	1/3	1/4	0.04395290
$B5$	1	1/3	1/3	3	1	1/4	0.08696532
$B6$	4	2	3	4	4	1	0.35475745

表 C-28　　　　　　　评价二级经济指标（A2）判断矩阵计算结果

$A2$	$B7$	$B8$	$B9$	归一化权重
$B7$	1	2	1/3	0.23848712
$B8$	1/2	1	1/4	0.13649980
$B9$	3	4	1	0.62501307

表 C‑29 评价二级产业指标（A3）判断矩阵计算结果

A3	B10	B11	B12	B13	归一化权重
B10	1	3	2	4	0.46318418
B11	1/3	1	1/2	3	0.17597193
B12	1/2	2	1	3	0.27541096
B13	1/4	1/3	1/3	1	0.08543293

表 C‑30 匹 配 计 算 结 果

指标	宽带载波	短距离无线	低功耗长距离无线	串口	本地以太网	权重
带宽 B1	60	80	40	40	100	0.05477315
时延 B2	100	100	40	100	80	0.13015069
可靠性 B3	80	80	80	80	100	0.15492186
容量 B4	80	100	100	60	80	0.02904239
覆盖范围 B5	60	80	100	40	80	0.05746334
安全性 B6	80	80	80	100	80	0.23441006
产品成本 B7	40	60	60	100	40	0.04963557
施工难度 B8	100	100	100	80	60	0.02840927
运维难度 B9	40	60	80	100	40	0.13008199
产品国产化 B10	100	80	60	100	100	0.06072886
产品制造 B11	80	80	80	100	100	0.02307198
产品设计 B12	100	80	60	80	80	0.03610960
后期服务 B13	100	100	80	100	100	0.01120125
通信技术匹配得分	75.89856137	80.38172089	71.51042639	87.71530076	83.02525567	

由表 C‑30 匹配度得分可以得，一般控制业务本地通信技术优先选择串口通信技术、本地以太网通信技术和短距离无线通信技术，可选择载波通信技术。

C.7 告 警 信 息 上 报

告警信息上报业务的特点是数据小颗粒、秒级时延、可靠性要求较高、容量大、室内外综合覆盖、通信隔离性要求低。业务终端通信接入网本地通信技术匹配计算相关表格见表 C‑31～表 C‑35。

表 C‑31 评价一级指标判断矩阵计算结果

M1	A1	A2	A3	归一化权重
A1	1	3	4	0.62501307
A2	1/3	1	2	0.23848712
A3	1/4	1/2	1	0.13649980

表 C-32 评价二级技术指标（A1）判断矩阵计算结果

A1	B1	B2	B3	B4	B5	B6	归一化权重
B1	1	1/3	1/4	1/3	1/3	3	0.07527447
B2	3	1	1/3	2	1/2	4	0.17233552
B3	4	3	1	2	2	4	0.32853502
B4	3	1/2	1/2	1	1/2	4	0.14634571
B5	3	2	1/2	2	1	4	0.23230934
B6	1/3	1/4	1/4	1/4	1/4	1	0.04519995

表 C-33 评价二级经济指标（A2）判断矩阵计算结果

A2	B7	B8	B9	归一化权重
B7	1	3	2	0.53961455
B8	1/3	1	1/2	0.16342412
B9	1/2	2	1	0.29696133

表 C-34 评价二级产业指标（A3）判断矩阵计算结果

A3	B10	B11	B12	B13	归一化权重
B10	1	2	2	4	0.42965227
B11	1/2	1	1/2	3	0.19991824
B12	1/2	2	1	3	0.28272709
B13	1/4	1/3	1/3	1	0.08770240

表 C-35 匹 配 计 算 结 果

指标	宽带载波	短距离无线	低功耗长距离无线	串口	本地以太网	权重
带宽 B1	60	80	40	40	100	0.04704753
时延 B2	100	100	40	100	80	0.10771195
可靠性 B3	80	80	80	80	100	0.20533868
容量 B4	80	100	100	60	80	0.09146798
覆盖范围 B5	60	80	100	40	80	0.14519637
安全性 B6	80	80	80	100	100	0.02825056
产品成本 B7	40	60	60	100	40	0.12869112
施工难度 B8	100	100	100	80	60	0.03897455
运维难度 B9	40	60	80	100	40	0.07082145
产品国产化 B10	100	80	60	100	100	0.05864745
产品制造 B11	80	80	60	100	100	0.02728880
产品设计 B12	100	80	60	80	80	0.03859219
后期服务 B13	100	100	80	100	100	0.01197136
通信技术匹配得分	73.29256900	81.01226537	74.25800763	79.14853816	78.81089359	

由表C-35匹配度得分可以得，告警信息上报业务本地通信技术优先采用短距离无线通信技术、串口通信技术以及本地以太网通信技术，可采用载波通信技术。

C.8 固定视频

固定视频业务特点是数据宽颗粒、百毫秒级时延、可靠性要求一般、容量小、室内外综合、通信隔离性要求低。业务终端通信接入网本地通信技术匹配计算相关表格见表C-36～表C-40。

表C-36　　　　　　　　评价一级指标判断矩阵计算结果

$M1$	$A1$	$A2$	$A3$	归一化权重
$A1$	1	3	3	0.60000000
$A2$	1/3	1	1	0.20000000
$A3$	1/3	1	1	0.20000000

表C-37　　　　　　　评价二级技术指标（A1）判断矩阵计算结果

$A1$	$B1$	$B2$	$B3$	$B4$	$B5$	$B6$	归一化权重
$B1$	1	3	4	5	3	4	0.39588253
$B2$	1/3	1	2	3	2	4	0.20990893
$B3$	1/4	1/2	1	2	1/2	3	0.11229217
$B4$	1/5	1/3	1/2	1	1/3	3	0.07501660
$B5$	1/3	1/2	2	3	1	3	0.15880511
$B6$	1/4	1/4	1/3	1/3	1/3	1	0.04809467

表C-38　　　　　　　评价二级经济指标（A2）判断矩阵计算结果

$A2$	$B7$	$B8$	$B9$	归一化权重
$B7$	1	2	2	0.49338597
$B8$	1/2	1	1/2	0.19580035
$B9$	1/2	2	1	0.31081368

表C-39　　　　　　　评价二级产业指标（A3）判断矩阵计算结果

$A3$	$B10$	$B11$	$B12$	$B13$	归一化权重
$B10$	1	1/3	1/2	2	0.15482648
$B11$	3	1	3	4	0.49911563
$B12$	2	1/3	1	4	0.26038606
$B13$	1/2	1/4	1/4	1	0.08567183

表C-40　　　　　　　　　匹配计算结果

指标	宽带载波	短距离无线	低功耗长距离无线	串口	本地以太网	权重
带宽 $B1$	60	80	40	40	100	0.23752952

续表

指标	宽带载波	短距离无线	低功耗长距离无线	串口	本地以太网	权重
时延 **B**2	100	100	40	100	80	0.12594536
可靠性 **B**3	80	80	80	80	100	0.06737530
容量 **B**4	80	100	100	60	80	0.04500996
覆盖范围 **B**5	60	80	100	40	80	0.09528306
安全性 **B**6	80	80	80	100	100	0.02885680
产品成本 **B**7	40	60	60	100	40	0.09867719
施工难度 **B**8	100	100	100	80	60	0.03916007
运维难度 **B**9	40	60	80	100	40	0.06216274
产品国产化 **B**10	100	80	60	100	100	0.03096530
产品制造 **B**11	80	80	60	100	100	0.09982313
产品设计 **B**12	100	80	60	80	80	0.05207721
后期服务 **B**13	100	100	80	100	100	0.01713437
通信技术匹配得分	72.21579725	81.32819649	63.41921036	75.05859520	82.41688954	

由表 C-40 匹配度得分可以得，固定视频业务本地通信技术优先选择本地以太网通信技术，可选择短距离无线通信技术。

C.9 移动视频

移动视频业务主要应用于无人机、机器人本地视频采集，业务特点是数据宽颗粒、百毫秒级时延、可靠性要求较一般、容量小、室外覆盖为主、通信隔离性要求低。业务终端通信接入网本地通信技术匹配计算相关表格见表 C-41～表 C-45。

表 C-41　　　　　评价一级指标判断矩阵计算结果

M1	**A**1	**A**2	**A**3	归一化权重
A1	1	3	2	0.53961455
A2	1/3	1	1/2	0.16342412
A3	1/2	2	1	0.29696133

表 C-42　　　　评价二级技术指标（**A**1）判断矩阵计算结果

A1	**B**1	**B**2	**B**3	**B**4	**B**5	**B**6	归一化权重
B1	1	2	4	4	2	4	0.34199508
B2	1/2	1	3	3	2	4	0.24662113
B3	1/4	1/3	1	2	1/2	3	0.10772170
B4	1/4	1/3	1/2	1	1/3	3	0.07991188
B5	1/2	1/2	2	3	1	3	0.17438747
B6	1/4	1/4	1/3	1/3	1/3	1	0.04936274

表 C-43　　　　　　　　评价二级经济指标（A2）判断矩阵计算结果

A2	B7	B8	B9	归一化权重
B7	1	1/2	2	0.29696133
B8	2	1	3	0.53961455
B9	1/2	1/3	1	0.16342412

表 C-44　　　　　　　　评价二级产业指标（A3）判断矩阵计算结果

A3	B10	B11	B12	B13	归一化权重
B10	1	1/2	1/2	2	0.18523682
B11	2	1	1	3	0.34476457
B12	2	1	1	4	0.37047364
B13	1/2	1/3	1/4	1	0.09952496

表 C-45　　　　　　　　匹　配　计　算　结　果

指标	宽带载波	短距离无线	低功耗长距离无线	串口	本地以太网	权重
带宽 B1	60	80	40	40	100	0.18454552
时延 B2	100	100	40	100	80	0.13308035
可靠性 B3	80	80	80	80	100	0.05812820
容量 B4	80	100	100	60	80	0.04312161
覆盖范围 B5	60	80	100	40	80	0.09410202
安全性 B6	80	80	80	100	80	0.02663685
产品成本 B7	40	60	60	100	40	0.04853064
施工难度 B8	100	100	100	80	60	0.08818603
运维难度 B9	40	60	80	100	40	0.02670744
产品国产化 B10	100	80	80	100	100	0.05500817
产品制造 B11	80	80	60	100	100	0.10238175
产品设计 B12	100	80	80	80	80	0.11001635
后期服务 B13	100	100	80	100	100	0.02955506
通信技术匹配得分	79.73444508	84.37409943	65.48442012	76.42967162	84.35186702	

　　由表 C-45 匹配度得分可以得，考虑无人机、变电站巡检机器人移动需求，移动巡检业务本地通信技术优先选择短距离无线通信技术，在配电房、隧道等机器人有导轨情况下，可以选择本地以太网通信技术。

C.10　图　像　采　集

　　图像采集业务特点是数据大颗粒、秒级时延、可靠性要求一般、容量小、室内外综合覆盖、通信隔离性要求低。业务终端通信接入网本地通信技术匹配计算相关表格见表 C-

46～表 C-50。

表 C-46   评价一级指标判断矩阵计算结果

$M1$	$A1$	$A2$	$A3$	归一化权重
$A1$	1	3	4	0.62501307
$A2$	1/3	1	2	0.23848712
$A3$	1/4	1/2	1	0.13649980

表 C-47   评价二级技术指标（A1）判断矩阵计算结果

$A1$	$B1$	$B2$	$B3$	$B4$	$B5$	$B6$	归一化权重
$B1$	1	4	3	3	2	4	0.35174578
$B2$	1/4	1	1/2	1/3	1/3	3	0.08059256
$B3$	1/3	2	1	1/2	1/3	3	0.11397509
$B4$	1/3	3	2	1	1/2	3	0.16438052
$B5$	1/2	3	3	2	1	3	0.23707774
$B6$	1/4	1/3	1/3	1/3	1/3	1	0.05222831

表 C-48   评价二级经济指标（A2）判断矩阵计算结果

$A2$	$B7$	$B8$	$B9$	归一化权重
$B7$	1	2	1	0.40000000
$B8$	1/2	1	1/2	0.20000000
$B9$	1	2	1	0.40000000

表 C-49   评价二级产业指标（A3）判断矩阵计算结果

$A3$	$B10$	$B11$	$B12$	$B13$	归一化权重
$B10$	1	1/3	1/2	2	0.15482648
$B11$	3	1	3	4	0.49911563
$B12$	2	1/3	1	4	0.26038606
$B13$	1/2	1/4	1/4	1	0.08567183

表 C-50   匹 配 计 算 结 果

指标	宽带载波	短距离无线	低功耗长距离无线	串口	本地以太网	权重
带宽 $B1$	60	80	40	40	100	0.21984571
时延 $B2$	100	100	40	100	80	0.05037140
可靠性 $B3$	80	80	80	80	100	0.07123592
容量 $B4$	80	100	100	60	80	0.10273998
覆盖范围 $B5$	60	80	100	40	80	0.14817669
安全性 $B6$	80	80	80	100	100	0.03264338
产品成本 $B7$	40	60	60	100	40	0.09539485
施工难度 $B8$	100	100	100	80	60	0.04769742

指标	宽带载波	短距离无线	低功耗长距离无线	串口	本地以太网	权重
运维难度 **B**9	40	60	80	100	40	0.09539485
产品国产化 **B**10	100	80	60	100	100	0.02113378
产品制造 **B**11	80	80	60	100	100	0.06812919
产品设计 **B**12	100	80	60	80	80	0.03554265
后期服务 **B**13	100	100	80	100	100	0.01169419
通信技术匹配得分	68.33675301	80.43426586	70.75958788	70.71953726	79.90810692	

由表 C-50 匹配度得分可以得，图像采集业务本地通信技术优先选择短距离无线通信技术和本地以太网通信技术。

C.11　语　音

语音业务特点是数据中颗粒、百毫秒级时延、可靠性要求一般、容量小、室内外综合覆盖、通信隔离性要求低。业务终端通信接入网本地通信技术匹配计算相关表格见表 C-51~表 C-55。

表 C-51　　　　　　评价一级指标判断矩阵计算结果

M1	**A**1	**A**2	**A**3	归一化权重
A1	1	4	3	0.62501307
A2	1/4	1	1/2	0.13649980
A3	1/3	2	1	0.23848712

表 C-52　　　　　　评价二级技术指标（**A1**）判断矩阵计算结果

A1	**B**1	**B**2	**B**3	**B**4	**B**5	**B**6	归一化权重
B1	1	1	2	3	2	4	0.27267074
B2	1	1	2	3	2	4	0.27267074
B3	1/2	1/2	1	2	2	3	0.17177180
B4	1/3	1/3	1/2	1	1/2	3	0.09452967
B5	1/2	1/2	1/2	2	1	3	0.13633537
B6	1/4	1/4	1/3	1/3	1/3	1	0.05202168

表 C-53　　　　　　评价二级经济指标（**A2**）判断矩阵计算结果

A2	**B**7	**B**8	**B**9	归一化权重
B7	1	1/2	2	0.29696133
B8	2	1	3	0.53961455
B9	1/2	1/3	1	0.16342412

表 C-54　　　　　　评价二级产业指标（A3）判断矩阵计算结果

$A3$	$B10$	$B11$	$B12$	$B13$	归一化权重
$B10$	1	1/3	1/2	2	0.15482648
$B11$	3	1	3	4	0.49911563
$B12$	2	1/3	1	4	0.26038606
$B13$	1/2	1/4	1/4	1	0.08567183

表 C-55　　　　　　　　匹 配 计 算 结 果

指标	宽带载波	短距离无线	低功耗长距离无线	串口	本地以太网	权重
带宽 $B1$	60	80	40	40	100	0.17042278
时延 $B2$	100	100	40	100	80	0.17042278
可靠性 $B3$	80	80	80	80	100	0.10735962
容量 $B4$	80	100	100	60	80	0.05908228
覆盖范围 $B5$	60	80	100	40	80	0.08521139
安全性 $B6$	80	80	80	100	100	0.03251423
产品成本 $B7$	40	60	60	100	40	0.04053516
施工难度 $B8$	100	100	100	80	60	0.07365728
运维难度 $B9$	40	60	80	100	40	0.02230736
产品国产化 $B10$	100	80	60	100	100	0.03692412
产品制造 $B11$	80	80	60	100	100	0.11903265
产品设计 $B12$	100	80	60	80	80	0.06209872
后期服务 $B13$	100	100	80	100	100	0.02043163
通信技术匹配得分	79.64430633	85.21502880	65.55338355	77.43634642	85.74685410	

　　由表 C-55 匹配度得分可以得，语音业务在考虑移动性需求的情况下，本地通信技术优先采用短距离无线通信技术。在没有移动性要求下，可选择本地以太网通信技术。

附录D 中英文术语对照表

数据采集与监视控制系统 supervisory control and data acquisition，SCADA

IP多媒体子系统 IP multimedia subsystem，IMS

频分多址 frequency division multiple access，FDMA

全球移动通信系统 global system for mobile communications，GSM

时分多址 time division multiple access，TDMA

通用分组无线服务技术 general packet radio service，GPRS

时分同步码分多址 time division-synchronous code division multiple access，TD-SCDMA

码分多址 code division multiple access，CDMA

宽带码分多址 wideband code division multiple access，WCDMA

空分复用接入 space division multiple access，SDMA

正交频分复用技术 orthogonal frequency division multiplexing，OFDM

多入多出技术 multiple input multiple output，MIMO

通用移动通信系统 universal mobile telecommunications system，UMTS

第三代合作伙伴计划 the 3rd generation partnership project，3GPP

长期演进计划 long term evolution，LTE

全球微波互联接入 worldwide interoperability for microwave access，WiMAX

窄带物联网技术 narrow band internet of things，NB-IoT

服务质量 quality of service，QoS

欧洲电信标准化协会 European telecommunications standards institute，ETSI

增强机器类通信 enhanced machine type of communication，eMTC

时分长期演进 time division long term evolution，TD-LTE

电力线载波 power line communications，PLC

移动性管理实体 mobility management entity，MME

服务网关 serving gateWay，SGW

PDN网关 PDN gateWay，PGW

归属签约用户服务器 home subscriber server，HSS

国际电信联盟 International telecommunication union，ITU

正交频分多址 orthogonal frequency division multiple access，OFDMA

交织多址 interleave division multiple access，IDMA

自适应调制与编码 adaptive modulation and coding，AMC

混合自动重传请求 hybrid automatic repeat request，HARQ

前向纠错编码 forward error correction，FEC

自动重传请求 automatic repeat request，ARQ

信道质量指示 channel quality indication，CQI

正交幅度调制 quadrature amplitude modulation，QAM

正交相移键控 quadrature phase shift key，QPSK

循环前缀 cyclic prefix，CP

物理混合自动重传指示信道 physical hybrid ARQ indicator channel，PHICH

异步传输模式 asynchronous transfer mode，ATM

互联网安全协议 internet protocol security，IPSec

高级加密标准 advanced encryption standard，AES

参考信号接收功率 reference signal receiving power，RSRP

信号与干扰加噪声比 signal to interference plus noise ratio，SINR

物理小区标识 physical cell identifier，PCI

远端射频模块 remote radio unit，RRU

室内基带处理单元 building baseband unit，BBU

增强型移动宽带 enhance mobile broadband，eMBB

超高可靠与低延迟通信 ultra reliable low latency communication，uRLLC

海量机器类通信 massive machine type of communication，mMTC

无线接入网 radio access network，RAN